山东省
农产品质量安全监测

刘宾 主编

中国农业科学技术出版社

图书在版编目（CIP）数据

山东省农产品质量安全监测／刘宾主编. —北京：中国农业科学技术
出版社，2020.8

ISBN 978-7-5116-4969-0

Ⅰ.①山…　Ⅱ.①刘…　Ⅲ.①农产品-质量管理-安全管理-研究-
山东　Ⅳ.①F327.52

中国版本图书馆 CIP 数据核字（2020）第 161223 号

责任编辑　白姗姗
责任校对　贾海霞

出 版 者　中国农业科学技术出版社
　　　　　北京市中关村南大街 12 号　邮编：100081
电　　话　(010) 82106638（编辑室）　(010) 82109702（发行部）
　　　　　(010) 82109709（读者服务部）
传　　真　(010) 82106650
网　　址　http://www.CASTP.cn
经 销 者　各地新华书店
印 刷 者　北京建宏印刷有限公司
开　　本　787mm×1 092mm　1/16
印　　张　15
字　　数　230 千字
版　　次　2020 年 8 月第 1 版　2020 年 8 月第 1 次印刷
定　　价　98.00 元

《山东省农产品质量安全监测》
编委会

前　言

农产品质量安全监测是实施农产品质量安全监管的重要技术支撑，是落实《中华人民共和国农产品质量安全法》相关规定，强化监督执法的技术前置，做好农产品质量安全监测工作事关人民群众"舌尖上的安全"，也是满足人民群众日益增长的美好生活需要的重要保障措施。

在农产品质量安全监测工作中，检测机构技术人员的从业素质和技术水平是保障工作质量的关键，是影响监测活动程序合法、结果准确、数据公正的重要因素。为此，主管部门每年组织承担全省农产品质量安全监测工作的检测机构开展相关技术培训，保障监测工作的合法性、代表性、准确性。为配合技术培训工作，帮助检测人员系统学习掌握相关工作要求和技术要点，我们组织编写本书作为辅助培训资料。

本书以山东省农业农村厅开展的蔬菜、水果、食用菌、粮油、中草药等农产品为重点监测对象，针对当前农产品中备受关注的农药残留、重金属、生物毒素等参数，对方案制定、抽样、样品制备、保存、换样、检测技术、结果报告、质量控制等监测的关键环节和注意事项进行了针对性论述。可供山东省农产品质量安全主管部门、执法监督、检测机构的管理人员和技术人员参考使用。

本书编写过程参阅了大量文献、标准及培训资料，得到有关单位和专家的大力支持，在此一并表示感谢！鉴于时间和水平所限，本书内容不足和疏漏在所难免，敬请各位专家、同行不吝批评指正。

编　者

2020 年 8 月

目　　录

第一章　概　述 ………………………………………… （1）

　　第一节　农产品质量安全监测背景 ………………… （1）

　　第二节　农产品质量安全监测类别 ………………… （3）

　　第三节　风险监测 …………………………………… （3）

　　第四节　监督抽查 …………………………………… （6）

　　第五节　监测工作纪律 ……………………………… （8）

　　第六节　山东省农产品质量安全监测工作情况 …… （9）

第二章　农产品质量安全监测抽样 ………………… （11）

　　第一节　抽样基本概念 ……………………………… （11）

　　第二节　抽样检验及其意义 ………………………… （12）

　　第三节　抽样的实施 ………………………………… （14）

第三章　样品制备 …………………………………… （24）

　　第一节　样品制备一般要求 ………………………… （24）

　　第二节　蔬菜水果样品制备 ………………………… （25）

　　第三节　粮油类样品制备 …………………………… （30）

　　第四节　样品保存 …………………………………… （33）

　　第五节　蔬菜水果样品混样流程 …………………… （34）

第四章　农药残留检测技术 ………………………… （39）

　　第一节　概　述 ……………………………………… （39）

　　第二节　农药残留检测技术 ………………………… （41）

　　第三节　典型测定方法 ……………………………… （57）

　　第四节　总　结 ……………………………………… （84）

第五章　霉菌毒素检测技术 ……………………………………………………… (89)

　第一节　概　述 …………………………………………………………………… (89)

　第二节　霉菌毒素检测方法 ……………………………………………………… (104)

　第三节　主要净化技术 …………………………………………………………… (107)

　第四节　技术要点 ………………………………………………………………… (108)

　第五节　典型方法 ………………………………………………………………… (112)

　第六节　总　结 …………………………………………………………………… (129)

第六章　重金属检测技术 ………………………………………………………… (130)

　第一节　概　述 …………………………………………………………………… (130)

　第二节　重金属污染限量标准 …………………………………………………… (132)

　第三节　主要前处理方法 ………………………………………………………… (135)

　第四节　重金属检测方法 ………………………………………………………… (140)

　第五节　典型方法 ………………………………………………………………… (148)

　第六节　总　结 …………………………………………………………………… (157)

第七章　结果报送 ………………………………………………………………… (159)

第八章　质量控制 ………………………………………………………………… (167)

　第一节　基础知识 ………………………………………………………………… (167)

　第二节　质量控制内容 …………………………………………………………… (170)

　第三节　质量控制的方式 ………………………………………………………… (182)

附　录 ……………………………………………………………………………… (187)

参考文献 …………………………………………………………………………… (226)

第一章　概　　述

第一节　农产品质量安全监测背景

食品安全源头在农产品，基础在农业。开展农产品质量安全监测是提高农产品质量安全水平的重要措施，也是保障政府履行公共管理职能的重要技术支撑，是保障人民群众"舌尖上的安全"的重要手段。加强农产品质量安全监测管理，对于提高农业部门公共服务能力，依法履行农产品质量安全监管职责，保障农业产业安全和农产品消费安全，扩大农产品出口和增加农民收入具有重要意义。

回顾历程，我国农产品质量安全监测正式起步于 2001 年，起源于农业部"无公害食品行动计划"，当时启动行动计划主要基于以下几点。

第一，1998 年，我国粮食产量开始突破 1 万亿斤（1 斤 = 500g，全书同），标志着我国农产品供求进入总量基本平衡、丰年有余的新阶段，农业进行战略性结构调整，农产品质量安全水平提升成为农业战略性结构调整的重要内容。

第二，适应中国入世。常用的关税壁垒变成了技术壁垒，为适应这一变化，促进农产品出口、保护国内农业产业安全，必须练好内功，提升我国农产品质量安全水平。

第三，防范高毒农药和"瘦肉精"等引发的急性中毒事件，迫切需要全面加强农产品质量安全监管工作，尽快扭转这种被动的局面。

原农业部副部长万宝瑞说，农产品质量安全问题已成为目前农业发展的一个主要矛盾。农药、兽药、饲料和添加剂、动植物激素等农资的使用，为农业生产和农产品数量的增长发挥了积极作用，也给农产品质量安全带来了隐患。农产品因农药残留、兽药残留和其他有毒有害物质超标造成的餐桌污染和引发的中毒事件时有发生。"无公害食品行动计划"将以全面提高我国农产品质量安全水平为核心，以"菜篮子"产品为突破口，以市场准入为切入点，从产地和市场两个环节入手，通过对农产品实行"从农田到餐桌"全过程质量安全控制，用 8~10 年的时间，基本实现主要农产品生产和消费无公害的目标。

在此背景下，为适应新时期农业和农村经济结构战略性调整和加入世界贸易组织需要，全面提高我国农产品质量安全水平和市场竞争力，根据中共中央、国务院关于加快实施"无公害食品行动计划"的要求和全国"菜篮子"工作会议精神，农业部决定，在北京、天津、上海和深圳 4 个城市试点的基础上，从 2002 年开始，在全国范围内全面推进"无公害食品行动计划"。

"无公害食品行动计划"实施的目标是通过健全体系，完善制度，对农产品质量安全实施全过程的监管，有效改善和提高我国农产品质量安全水平，力争用 5 年左右的时间，基本实现食用农产品无公害生产，保障消费安全，质量安全指标达到发达国家或地区的中等水平。蔬菜、水果、茶叶、食用菌、畜产品、水产品等鲜活农产品无公害生产基地质量安全水平达到国家规定标准；大中城市的批发市场、大型农贸市场和连锁超市的鲜活农产品质量安全市场抽检合格率达 95% 以上，从根本上解决食用农产品急性中毒问题；出口农产品的质量安全水平在现有基础上有较大幅度提高，达到国际标准要求，并与贸易国实现对接。

工作重点是通过加强生产监管，推行市场准入及质量跟踪，健全农产品质量安全标准、检验检测、认证体系，强化执法监督、技术推广和市场信息工作，建立起一套既符合中国国情又与国际接轨的农产品质量安全管理制度，突出抓好"菜篮子"产品和出口农产品的质量安全。主要解决：蔬菜中农药残留超标问题；水果中农药残留超标和激素滥用问题；茶叶中农药残留和重金属超标问题；畜禽饲养过程中药物滥用和畜禽产品药物残留超标及动物疫病问题；水产品生产过程中药物滥用和水产品中有毒有害物质超标及贝类产品的污染问题；农产品产地环境的污染问题等。

推进措施之一就是建立监测制度。依托各级农业部门现有的检测仪器设备和技术人员，定期或不定期开展农产品产地环境、农业投入品和农产品质量安全状况的监测，确保上市农产品质量安全符合国家有关标准和规范要求。农业部从2001年开始试点，启动"北京、上海、天津、深圳+寿光"试点城市农产品质量安全监测，从2003年开始，将蔬菜中农药残留监测和畜产品中使用违禁药物的抽检工作，从试点城市扩展到全国省会城市、计划单列市。至此，全国范围的农产品质量安全监测工作全面启动实施。

第二节　农产品质量安全监测类别

根据《农产品质量安全监测管理办法》（农业部令〔2012〕7号）规定，农产品质量安全监测，包括农产品质量安全风险监测和农产品质量安全监督抽查。

农产品质量安全风险监测，是指为了掌握农产品质量安全状况和开展农产品质量安全风险评估，系统和持续地对影响农产品质量安全的有害因素进行检验、分析和评价的活动，包括农产品质量安全例行监测、普查和专项监测等内容。

农产品质量安全监督抽查，是指为了监督农产品质量安全，依法对生产中或市场上销售的农产品进行抽样检测的活动。

第三节　风险监测

农产品质量安全风险监测包括例行监测、普查和专项监测，其中，农产品质量安全例行监测定期开展，根据农产品质量安全监管需要，可以随时开展专项监测及普查。

一、风险监测的特点

（一）检测参数

风险监测是为了掌握农产品质量安全状况而开展，检测的参数尽可能涵盖当地农产品生产中使用的农药品种、可能的重金属、毒素等风险因子。县级以上人民政府农业行政主管部门应当根据农产品质量安全风险隐患分布及变化情况，适时调整监测品种、监测区域、监测参数和监测频率。

（二）抽样方法

风险监测抽样应当采取符合统计学要求的抽样方法，确保样品的代表性。

（三）检测方法

风险监测应当按照公布的标准方法检测。没有标准方法的可以采用非标准方法，但应当遵循先进技术手段与成熟技术相结合的原则，并经方法学研究确认和专家组认定。如农药残留检测方法：NY/T 761、GB/T 23200、GB/T 20769 等。

（四）判定依据

按国家标准 GB 2763《食品安全国家标准 食品中农药最大残留限量》规定执行。

但在实际操作中，由于我国蔬菜品种多、农药品种多以及标准的滞后性等因素，仍有一些蔬菜没有对应的农药限量规定，为方便主管部门掌握监测的总体水平，任务下达部门需要针对没有限量的农药临时制定判定的参考依据，用于风险监测结果的汇总分析。

制定参考判定依据的原则如下。

1. 外推法

根据蔬菜分类，如果同类蔬菜中规定了某种蔬菜的限量值，则将该限量值外推至该类蔬菜进行判定。如敌菌灵，标准只规定了黄瓜、番茄的限量值，为 10mg/kg，则茄果类蔬菜、瓜类蔬菜统一采用此限量值进行判定，即10mg/kg。这样，虽然没有规定茄子等其他同类产品的限量值，但由于茄子与番茄同属茄果类，因此等同采用 10mg/kg 限量进行判定。

2. 最大值法

一类蔬菜中的所有蔬菜都没有规定限量值的，按此种农药最高限量值判定。

如腐霉利在韭菜中限量值为 0.2mg/kg，在黄瓜、番茄中限量值为 2mg/kg，在茄子、辣椒中的限量值为 5mg/kg，但没有规定芹菜中的限量值，此时芹菜按最高限量值 5mg/kg 判定。

美国、日本遇到这种情况是按 0.01mg/kg 进行判定；欧盟是按定量限的 1.5 倍判定。

由于例行监测的结果许多是按此类参考标准作为判定依据的，因此其结果不能作为处罚的依据。

二、例行监测

例行监测的监测参数、监测品种、监测区域、监测频率基本固定。

三、专项监测

监测品种特定：主要是针对特定的产品或例行监测未覆盖的产品，如韭菜专项、食用菌专项、中草药专项等。

监测时间、事由特定：如元旦春节专项、三品专项等。

检测方法、判定依据同例行监测。

四、普查

针对某产品、某环节的质量安全状况的全面监测，如全国花生质量普查，出口农产品普查。

检测方法、判定依据同例行监测。

五、风险监测结果的应用

省级以上人民政府农业行政主管部门应当建立风险监测形势会商制度，对风险监测结果进行会商分析，查找问题原因，研究风险监管措施。

第四节　监督抽查

农业行政主管部门针对农产品质量安全风险监测结果和农产品质量安全监管中发现的突出问题，开展农产品质量安全监督抽查工作。

一、监督抽查程序

不同于风险监测，监督抽查是要进行执法处罚的，因此在程序上要严格按规定执行。

监督抽查按照抽样机构和检测机构分离的原则实施。抽样工作由当地农业行政主管部门或其执法机构负责，检测工作由农产品质量安全检测机构负责。检测机构根据需要可以协助实施抽样和样品预处理等工作（采用快速检测方法实施监督抽查的，不受前款规定的限制）。

抽样人员抽样前要告知监督抽查的性质、检测依据和判定依据、被抽查人权利等告知信息，再进行抽样。在抽样前应当向被抽查人出示执法证件或工作证件。具有执法证件的抽样人员不得少于 2 名。

监督抽查是执法过程，因此程序要符合规定。在抽查前，首先要准备好相应的表格，监督抽查涉及的山东省农产品质量安全监督抽查文书有 14 个表格（附录二）。

抽样人员应当准确、客观、完整地填写抽样单。抽样单应当加盖抽样单位印章，并由抽样人员和被抽查人签字或捺印；被抽查人为单位的，应当加盖被抽查人印章或者由其工作人员签字或捺印。

抽样单一式四份，分别留存抽样单位、被抽查人、检测单位和下达任务的农业行政主管部门。

抽取的样品应当经抽样人员和被抽查人签字或捺印确认后现场封样。

二、注意事项

（1）有下列情形之一的，被抽查人可以拒绝抽样。

①抽样人员少于2名的。

②抽样单位名称与《农产品质量安全监督抽查通知书》不符的。

③抽样人员应当携带的《农产品质量安全监督抽查通知书》和有效身份证件（身份证或工作证）等材料不齐全的。

④被抽查人和产品名称与《农产品质量安全监督抽查通知书》不一致的。

⑤抽样时间超过《农产品质量安全监督抽查通知书》有效期限的。

（2）被抽查人无正当理由拒绝抽样的，抽样人员应当告知拒绝抽样的后果和处理措施。被抽查人仍拒绝抽样的，抽样人员应当现场填写监督抽查拒检确认文书，由抽样人员和见证人共同签字，并及时向当地农业行政主管部门报告情况，对被抽查农产品以不合格论处。

（3）检测机构接收样品，应当检查、记录样品的外观、状态、封条有无破损及其他可能对检测结果或者综合判定产生影响的情况，并确认样品与抽样单的记录是否相符，对检测和备份样品分别加贴相应标识后入库。必要时，在不影响样品检测结果的情况下，可以对检测样品分装或者重新包装编号。

（4）检测机构应当按照任务下达部门指定的方法和判定依据进行检测与判定。

（5）采用快速检测方法检测的，应当遵守相关操作规范。

（6）检测过程中遇有样品失效或者其他情况致使检测无法进行时，检测机构应当如实记录，并出具书面证明。

（7）检测机构不得将监督抽查检测任务委托其他检测机构承担。

（8）检测机构应当将检测结果及时报送下达任务的农业行政主管部门。

检测结果不合格的，应当在确认后 24h 内将检测报告报送下达任务的农业行政主管部门和抽查地农业行政主管部门，抽查地农业行政主管部门应当及时书面通知被抽查人进行结果确认。

被抽查人对检测结果有异议的，可以自收到检测结果之日起 5 日内，向下达任务的农业行政主管部门或者其上级农业行政主管部门书面申请复检。

采用快速检测方法进行监督抽查检测，被抽查人对检测结果有异议的，可以自收到检测结果时起 4h 内书面申请复检。

（9）复检由农业行政主管部门指定具有资质的检测机构承担。

复检不得采用快速检测方法。

复检结论与原检测结论一致的，复检费用由申请人承担；不一致的，复检费用由原检测机构承担。

第五节 监测工作纪律

农产品质量安全监测不得向被抽查人收取费用，监测样品由抽样单位向被抽查人购买。

参与监测工作的人员应当秉公守法、廉洁公正，不得弄虚作假、以权谋私。

被抽查人或者与其有利害关系的人员不得参与抽样、检测工作。

抽样应当严格按照工作方案进行，不得擅自改变。

抽样人员不得事先通知被抽查人，不得接受被抽查人的馈赠，不得利用抽样之便牟取非法利益。

检测机构应当对检测结果的真实性负责，不得瞒报、谎报、迟报检测数据和分析结果。

检测机构不得利用检测结果参与有偿活动。

监测任务承担单位和参与监测工作的人员应当对监测工作方案和检测结果保密，未经任务下达部门同意，不得向任何单位和个人透露。

任何单位和个人对农产品质量安全监测工作中的违法行为，有权向农业行政主管部门举报，接到举报的部门应当及时调查处理。

对违反抽样和检测工作纪律的工作人员，由任务承担单位做出相应处理，并报上级主管部门备案。

违反监测数据保密规定的，由上级主管部门对任务承担单位的负责人通报批评，对直接责任人员依法予以处分、处罚。

检测机构无正当理由未按时间要求上报数据结果的，由上级主管部门通报批评并责令改正；情节严重的，取消其承担检测任务的资格。

检测机构伪造检测结果或者出具检测结果不实的，依照《中华人民共和国农产品质量安全法》第四十四条规定处罚。

第六节 山东省农产品质量安全监测工作情况

农产品质量安全监测是农产品质量监管的重要组成部分，是发现质量安全隐患、科学精准监管的重要手段和依据，是全省开展农产品质量安全工作的重要技术支撑。从 2005 年开始，山东省充分发挥农产品检测机构的作用，开展蔬菜等农产品的农药残留例行监测工作，从最初每年 3~4 次蔬菜例行监测，逐步到监督抽查、专项监测全面开展，监测品种也从蔬菜扩展到水果、粮油、中草药等产品，并带动市县两级的农产品质量安全监测逐步开展，有力地促进了全省农产品质量安全水平的提升。

经过多年的发展，全省农产品质量安全监测越来越正规，监测的形式更加精准，覆盖的品种越来越多，监测的重点更加突出，监测已成为农产品质量安全监管的重要措施和手段，发挥着越来越重要的作用。

2017 年以来，根据监测面临的一些新形势，省级农产品质量安全监测有了一些新变化，主要表现在以下几个方面。

一、监测参数

完善检测项目，扩大参数范围，目前，山东省农业农村厅风险监测已涵盖生产中常用的 33 种农药，基本能够监控农业生产的日常风险隐患。

二、监测方式

为防止出现监测工作不公正、不认真等现象，针对例行监测，采取了抽样后换样检测的方式，并适时在样品中添加质控样，强化对检测机构监督管理，提高检测工作质量。

三、监测类别

为防止可能存在的外界干扰，增加暗抽形式，由检测机构直接到产地进行抽样检测，以便掌握最直接的检测结果。

四、监测重点

坚持问题导向，针对重点品种如韭菜、芹菜、草莓，重点时段如元旦春节，重点产品如"三品一标"产品，开展专项监测，加强对重点产品、重点时段的监测。

五、监测品种

进一步增加监控的覆盖面，争取涵盖种植生产的各大品种，如蔬菜、水果、谷物、油料、中草药等。

第二章　农产品质量安全监测抽样

抽样是获得科学合理的目标样品和可信检验数据的基础，是农产品质量安全监测工作中的重要步骤，确保抽样的随机性、代表性和科学性，是开展农产品质量安全监测工作的前提条件和根本保障。

第一节　抽样基本概念

单位产品/个体：能被单独描述和考虑的一个事务。

总体：所研究单位产品/个体的全体。

批：按抽样目的，在基本相同条件下组成的总体的一个确定部分。

批次：指在一定条件下生产的具有确定数量的商品，本规则假定这些商品的规格是一致的。对于假定规格不一致的商品，仅能在商品内部属于同质的部分内进行抽样。

抽样单元：将总体进行划分后的每一个部分。

样本：指利用不同的方法从总体（或事物的重要部分）中通过不同方法选择的、由一个或几个单位产品（或在事物中比较重要的一部分数量）构成的集合。它提供关于研究总体（或事物）的特定特征的某些信息，并为确定相关总体、事物或加工过程（该样本涉及的生产过程）提供依据。

一个代表性样本含有它所代表的总体的所有特征。尤其是在简单随机抽样中，批次内的每个单位产品或增量被抽取进入样本的概率都应相同。

样本既可指构成抽样单元的具体物品、散料等，也可指这些抽样单元

（单位产品/个体）的某个特性值。在限定前一种含义时，样本中的每个抽样单元（单位产品/个体）也称"样品"。

样本量：样本中所包含的抽样单元的数目。

对于散料抽样，样本量一般指试样或测试单元的总数。

抽样：是指用于提取或构成一个样本的程序。经验式或点式抽样都属于抽样程序，但它们都不是基于统计学的程序。基于统计学的抽样程序常常用于对检验的批次做出判定。

抽样方案：是指为了获得所需要的信息，如判定某批次的质量状况，而从一批物品中选择或抽取单独样本的程序。

抽样检验：从所考虑的产品集合中抽取若干单位产品进行的检验。

第二节　抽样检验及其意义

检验过程中，涉及事关安全、重要的产品或物资检验，如检验是非破坏性的，经济性可行时，可以对产品全数检验。但是，由于大多数产品数量庞大，而且检验多是破坏性的，加上有些检验费用昂贵，使用全数检验的方法显然是不可行的。这时会采取从产品总体中抽取一部分产品进行检验，根据抽取样品的检验结果推断总体产品检验结果的方法，即抽样检验。

抽样检验，是相对于全数检验而来的，从所考虑的产品集合中，抽取若干单位产品或一定数量的物质和材料所进行的，对有关性能的测量、观察、测试或校准的合格评价。

一、抽样检验可以按不同的原则进行分类

1. 按检验目的分类

可分为生产检验、验收检验、监督检验（包括验证检验、仲裁检验）。

2. 按检验效果分类

可分为判定性检验、信息性检验、寻因性检验。

3. 按检验作用分类

可分为符合性检验和取证性检验。

二、抽样的意义

抽样目的：保证被检样品具有代表性、真实性和及时性。农产品的个体差异性决定了抽样的质量是检验结果准确性和有效性的前提和基础，抽样质量决定检验成败。

代表性：保证检验结果科学性、正确性的基本要求。确保样品代表性，是保证样品测定结果有效性的基本前提。

真实性：准确可靠的分析检验结果，源于分析样本的客观、真实。

及时性：保证被检对象具有时效性、溯源性的重要前提。

三、抽样应把握的基本原则

把握好"五性"：合法合规性、客观真实性、公正公平性、随机性、代表性。

四、样品代表性的关键点

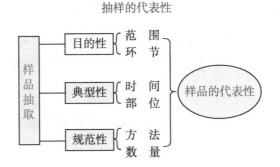

抽样的代表性

第三节　抽样的实施

一、研讨监测方案、制订抽样方案

1. 研读文件精神，解读、培训监测工作方案

县级以上人民政府农业行政主管部门根据监测计划向承担农产品质量安全监测工作的机构下达工作任务。接受任务的机构应当根据农产品质量安全监测计划编制工作方案，并报下达监测任务的农业行政主管部门备案。

依据《农产品质量安全监测管理办法》，工作方案应当包括下列内容。

（1）监测任务分工，明确具体承担抽样、检测、结果汇总等的机构。

（2）各机构承担的具体监测内容，包括样品种类、来源、数量、检测项目等。

（3）样品的封装、传递及保存条件。

（4）任务下达部门指定的抽样方法、检测方法及判定依据。

（5）监测完成时间及结果报送日期。

2. 承检机构在研讨监测方案要求的基础上，制订可行的抽样方案

抽样方案一般应包括以下内容。

（1）抽样目的。明确评估的对象、危害因子种类、评估类型，明确抽样性质是风险监测还是监督抽查，从而采取相应的抽样方式。

（2）抽样环节。生产基地、储藏仓库、加工场所、运输设施、销售市场。

（3）抽样时间。农产品生长期、收获期、储藏期、加工期或运输期间，确定抽样频次。

（4）抽检产品和地点。应在满足总体方案要求基础上，选择有代表性的产品和地点。

（5）抽样数量。明确样品取样点数、取样单元、单元取样数量、样品抽样量。

（6）规定工作流程。培训、准备、取样、记录表格、现场制备、封样、保存、运输、交接等。

（7）抽样人员。明确取样人员组成。

（8）注意事项。本次抽样需重点注意的事项等。

（9）其他。车辆、抽样器具准备等。

二、抽样的准备

（一）人员准备

1. 抽样人员资质要求

（1）经过专业培训合格的专门人员。

（2）农产品检测机构人员。

（3）监督抽查抽样由农业行政主管部门或执法机构的执法人员。

2. 抽样人员数量要求

（1）不少于2人。

（2）其中至少1人有丰富抽样经验，能现场处理抽样过程中的突发问题。

3. 抽样人员的两大责任

（1）抽取有代表性的样品。抽样人员资质符合要求；执行法定程序和标准；按抽样标准规范抽样；保障样品原始性。

（2）填报规范的抽样记录。

（二）物质准备

1. 文件及材料

应携带抽样任务通知文件、抽样工作委托单/任务书、抽样单等。

2. 抽（制）样工具

刀、剪、铲、手套等。

3. 封样用品

标签、样品袋、封条等。

4. 其他相关要求

应携带工作证、抽样标准等相关身份证明材料和抽样技术资料。

（三）技术准备

1. 抽样方案

2. 抽样标准

NY/T 789—2004 农药残留分析样本的采样方法

NY/T 762—2004 蔬菜农药残留检测抽样规范

GB/T 8302—2013 茶 取样

NY/T 398—2000 农畜水产品污染检测技术规范

NY/T 2103—2011 蔬菜抽样技术规范

NY/T 2102—2011 茶叶抽样技术规范

DB37/T 3489—2019 山东省农产品质量安全监测抽样技术规范

⋮

3. 技术培训

对参与抽样相关人员进行方案解读、培训。

学习方案中涉及的相关产品标准、抽样标准。

三、抽样的实施

（一）抽样流程

1. 进入抽样现场

至少2位抽样人员亲临现场进行抽样。

2. 充分沟通

抽样前应向被抽单位出示相关公文、个人证件，进行必要的说明，履行告知义务。

尤其监督抽查时，抽样前须先提供《告知通知书》，告知被抽查人监督抽查的性质、检测依据和判定依据、被抽查人权利等信息，再进行抽样。

3. 严格按标准抽样

按抽样方案，选择抽样单元，确定每个抽样单元应抽取样品的数量、样品总量等，采取科学合理的抽样方法，使抽样活动符合相关标准要求。

4. 获得样品

将每个抽样单元的样品充分混匀，得到抽样活动的最终样品。必要时应进行预处理（缩分、去杂、匀浆、冷冻等）。

5. 封样并标识

抽取的样品应及时标识，必要时进行封样，妥善保存；根据样品种类选择合适的保存条件。保证样品不被伪造、替换，保护样品性状不发生改变。

（二）抽样记录

1. 抽样单格式

风险监测及监督抽查抽样单推荐采用山东省农产品质量安全监测统一规定的格式（附录二、附录三），保障抽样所需信息充分、完整、可追溯。

2. 抽样单填写要求

现场填写；信息充分、准确；内容完整，修改规范；签章齐全。

（1）现场填写。现场填写是抽样记录的基本要求，是体现记录原始性的基本操作。抽样过程和数据应在产生的当时予以记录，不得事后回忆追记、另行整理记录、誊抄或修正。

（2）信息充分。能够有效还原抽样过程，证明抽样工作没有偏离抽样标准的一切必要信息，使抽样过程具有可追溯性。

（3）内容完整。抽样单是重要的原始记录，填写要完整（不留空项），字迹要清晰可辨，修改要规范（不能涂改），要求同原始记录修改要求。

（4）签章齐全。抽样单要双方确认，双方均应签字，且抽样方应至少 2

人签字；从法律效力上看，还应加盖单位公章（抽样专用章）。

（三）抽样实施

——蔬菜农药残留抽样实例（NY/T 2103）

1. 抽样环节

（1）生产基地。当蔬菜种植面积小于10hm²时，每1～3hm²设为一个抽样单元；当蔬菜种植面积大于10hm²，每3～5hm²设为一个抽样单元。

在蔬菜大棚中抽样，每个大棚为一个抽样单元。

每个抽样单元内根据实际情况按对角线法、梅花点法、棋盘式法、蛇形法等方法采取样品。

每个抽样单元内抽样点不应少于5点。

个体较大的样品（如大白菜、结球甘蓝），每点采样量不应超过2个个体，个体较小的样品（如樱桃番茄），每点采样量0.5～0.7kg。若采样总量达不到规定的要求，可适当增加采样个体。

每个抽样点面积为1m²左右，随机抽取该范围内同一生产方式、同一成熟度的蔬菜作为检测用样品。

注：一个基地如大棚数量多，则抽取部分大棚作为抽样单元。

（2）贮存库。从样品贮存库中随机抽取。

随机抽取同一组批产品的贮藏库、货架或堆。散装样品视情况以分层分方向结合或只分层（上、中、下3层）或只分方向方式抽取；预包装产品在堆放空间的四角和中间布设采样点。

（3）批发市场。

散装样品：应视堆高不同从上、中、下分层取样。

包装产品：堆垛取样时，在堆垛两侧的不同部位上、中、下过四角抽取相应数量的样品。

（4）农贸市场和超市。同一摊位抽取的同一产地、同一种类蔬菜样品为一个批次。为避免二次污染，尽可能从原包装中取样。

（5）注意事项。选择抽样地点时，首先应确定一个预定的抽样点，同时还应确定一个备用抽样点。在预定的抽样点抽不到需要的样品时，可以用与预定抽样点大小相当、距离接近的备用抽样点代替。抽样点变更，应在抽样工作单的备注中注明。

抽样点的分布应在所抽区域的不同方位，相同名称的超市原则上只抽一个。

2. 抽样时间

（1）生产基地。根据不同蔬菜品种在其种植区域的成熟期来确定，抽样应安排在蔬菜成熟期或蔬菜即将上市前进行，在喷施农药安全间隔期内的样品不要抽取。抽样时间应选在 9—11 时或者 15—17 时。

下雨天不宜抽样。

（2）批发市场宜在批发或交易高峰时期抽样。

（3）农贸市场和超市宜在抽取批发市场样品之前进行。

3. 抽样量

按《蔬菜农药残留检测抽样规范》（NY/T 762—2004）、《农药残留分析样本的采样方法》（NY/T 789—2004）等规定执行。

省内抽样可按《DB37/T 3489—2019　山东省农产品质量安全监测抽样技术规范》规定执行。

4. 样品包装

每个样品必须马上独立包装，避免相互污染。

包装材料须选择不易破碎，且不含检测的干扰物质的容器。

加贴样品唯一性标识，避免混淆。

必要时进行封样。

注：封样是监督抽查、执法检查的重要程序。

封样的目的，对检测结果存在异议时，能有完整的备份样品用于复检；一经签封的样品，不得私自打开，要保证封存样品的原始性。

5. 样品标识

风险监测样品，抽样后应放入袋中封存，样品袋上要加贴样品的标识，标识的内容至少应包括样品名称、样品编号、抽样时间等信息。

监督抽查的样品，抽样人员应当现场制备和封存样品。现场制备的样品分为3份，1份用于检测（正样）、1份用于检测需要时复查或确证（副样）、1份作留样备复检（备样）。

样品标识清晰并加封。封条须由2名具有执法证件的抽样人员及被抽样单位签字或捺印。

检测正样和副样交承担检测任务的检测机构。备样由当地农业主管部门保存，不具备保存条件的，可以委托具备相应资质和条件的检测机构保存。

6. 样品运输

高温季节样品运输应选择保持低温的容器，低温包装时应使用适当的材料包裹样品，避免与冷冻剂接触造成冻伤，冷冻剂不可使用碎冰。

样品应在24h内运送到实验室，否则应将样品缩分冷冻后运输。原则上不准邮寄和托运，应由抽样人员随身携带。

除非征得实验室同意，样品不宜在周五或法定节假日前一天送达。

样品运输过程中应有措施保证样品避免被污染。

运输过程应避免阳光直射，并尽快运到实验室。

7. 样品交接

监督抽查：抽样单位与检测机构交接，填写样品移交确认单。

样品到达检测单位后，样品接收人员应对样品进行认真检查，对包装情况、数量、状态、质量、样品编号及抽样单一一核对，检查合格后，方可入库。

检查检测和备份样品的相应标识。必要时，在不影响样品检测结果的情况下，可以对检测样品分装或者重新包装编号。

抽样编号与检测编号的对接。保证样品可追溯。

四、农产品质量安全抽样注意的问题

1. 样品品种

（1）分类标准不统一。由于目前存在着不同的分类标准，仅蔬菜分类就有多个分类标准：《蔬菜名称及计算机编码》（NY/T 1741—2009），《新鲜蔬菜分类与代码》（SB/T 10029—2012），《食品安全国家标准 食品中农药最大残留限量（GB 2763）》附录 A 食品类别及测定部位等，都对蔬菜类别进行了分类。由于标准不一致，造成了同一蔬菜品种可能分为不同的类别：芸薹属类、甘蓝类；茎类、叶菜类；葱蒜类、鳞茎类等，给结果统计分析造成不便。因此，各机构在品种分类时，应严格按照任务方案的规定进行分类，防止出现统计结果不统一的现象。

（2）品种混淆。部分机构抽样人员对蔬菜行业不熟悉，抽样前的培训不到位，有可能出现抽样品种混淆、归类错误的情况。如常见的油菜、青菜、小白菜等品种都属于普通白菜。

（3）名称不规范。抽样时记录样品名称使用商品名、俗名，如样品名称记录为：上海青、鸡毛菜、根达菜，一旦样品制备后，没有实物可辨认，难以确定其类别分类。

（4）不按文件规定品种抽样。擅自抽取文件规定品种以外的蔬菜，如在例行监测、监督抽查任务中抽取藕、土豆等方案中未涉及的品种，致使结果无法进行统计。

同时，不同性质的监测任务会限定抽样品种（如以下方案规定），部分机构执行任务不严谨，抽样品种达不到任务要求，会造成不同地市结果统计不科学、不合理。

> "监测的蔬菜品种为当地主要蔬菜生产品种。其中韭菜抽检样品量占总数的 20%，芹菜占 15%，其余原则上按豇豆、菜豆、普通白菜、花椰菜、黄瓜、西红柿、西葫芦、茄子、辣椒、生菜的顺序抽取当地主产品种。"

2. 抽样环节

（1）不按方案和标准抽样的问题。任务方案中规定了抽样地点为种植基地、散户、市场等环节，以及各自环节应抽样的比例。实际抽样中各环节抽样比例随意，不能严格按方案落实。

（2）外部干扰影响问题。生产管理水平高的基地样品抽取数量多，生产管理水平差的基地抽得少；基地与散户比例不按方案执行等，造成抽样的代表性存在一定问题。

3. 抽样过程

（1）送样代替抽样。被抽检单位事先准备好样品，抽样人员到达现场后直接取走，甚至不去现场。

（2）抽样不按标准执行。由于有些抽样人员能力不高，责任心不强，嫌麻烦而不严格执行标准，抽样单元不足，样品量不足，以及其他不符合抽样标准造成样品代表性差。

（3）取样方法不正确。用随意代替随机，怎么省事怎么来，怎么省钱怎么来，有很大的随意性。

（4）重复抽样问题。一个基地一种蔬菜抽多个样品。如有一个基地抽10多个相同的样品。

4. 抽样记录

（1）抽样单填写不规范。

抽样单填写不完整，修改不规范、随意涂改。

签字笔填写力度不够，后两联看不清楚。

字迹潦草、不易辨认，随意涂改，更改的地方没有双方签字确认。

（2）抽样单信息不充分。

抽样单的信息不充分。如抽样单栏目填写不全，有漏项。

签字不全（2人抽样1人签字），代签。

抽样单双方确认手续不全，签章、日期等信息不齐全。

不盖章，监督抽查必须盖章。

5. 交接记录

不记录样品的外观、状态、数量、交接时间、封条有无破损及其他可能对检验结果或者综合判定产生影响的情况。

6. 样品运输

运输过程中储存不当，不采取降温措施，特别是夏天叶菜类易腐烂；制备后样品的储存温度不够低，贮存温度未达到-18℃以下，导致样品在未完全冷冻状态运输。

7. 基地调研不重视

生产基地涉及企业、农户较多，抽样人员疏忽或不愿意了解生产实际情况，对当地农药使用情况不了解、对当地质量安全状况不了解，检测出现问题难以分析查找原因，写不出高水平总结分析报告。

抽样人员在现场抽样时应认真查看生产记录，详细了解并记录农业生产资料使用时间、剂量、剂型、次数等基本信息，全面了解当地生产状况，有针对性地分析问题、查找原因，提出技术性建议。

8. 工作重视程度

思想上对抽样的重要性缺乏深刻认识和理解；法律意识不强，程序不合法；对相关抽样理论和方法缺乏必要了解；对样品的代表性、抽样误差的处置、不规范抽样的严重后果估计不足。

应加强学习《中华人民共和国农产品质量安全法》《农产品质量安全监测管理办法》《山东省农产品质量安全条例》《山东省农产品质量安全风险监测工作规范》《山东省农产品质量安全监督抽查工作规范》（附录一）等法律法规。

第三章 样品制备

第一节 样品制备一般要求

样品制备是检测工作中的重要环节，样品制备的代表性、均一性、可溯性直接影响检测结果。因此，把控好样品制备这一关键环节，对完成省厅下达的农产品质量安全监测任务意义重大。

一、样品制备场所及设施设备

样品制备场所、设施和设备配备应与样品制备工作相适应，相互影响的样品制备区域应有效隔离。根据不同样品制备要求，应配备实验台、水槽、水龙头、二级实验用水、通风橱、空调、监控器等设施设备。

二、样品制备工具

制样工具：破壁料理机（美的、奥克斯等品牌）、平行研磨仪（微思行科技有限公司等品牌）、旋风式样品磨（FOSS 等品牌）植物粉碎机、玛瑙研钵等。

辅助工具：聚乙烯砧板、不锈钢刀、不锈钢药匙、瓷盘、塑料筐、毛刷、样品缩分器、一次性手套等。

三、样品包装盒/袋

全省农产品质量安全例行监测样品盒要求统一采用聚乙烯塑料盒（盒盖直径9cm、盒底直径7.5cm、高6cm），方便承检机构换样检测。

第二节　蔬菜水果样品制备

一、样品制备原则

进入实验室的样品要采取"全部处理"的原则进行样品制备。对于采样量少的样品一次性全部制备，对于采样量大的样品采取切碎混匀缩分或直接混匀缩分的方式制备，样品制备量控制在 1~1.5kg。

蔬菜水果样品个体差异较大，如果"不全部处理"，采取样品一分为二、留样原状保留的方式进行检验检测，极易造成检样与留样检测结果不一致的风险。

二、样品制备取样部位及方法

样品制备取样部位按照《食品安全国家标准　食品中农药最大残留限量》（GB 2763—2019）执行。样品制备方法参照 NY/T 789—2004、NY/T 2103—2011 等标准执行。取样部位及样品制备方法见表 3-1。

表 3-1　蔬菜水果样品取样部位及制备方法

序号	蔬菜类别	类别说明	测定部位	制备方法
1	鳞茎类蔬菜	鳞茎葱类 大蒜、洋葱、薤等	可食部分 大蒜去皮；洋葱去掉根及外层腐烂不可食用的部分；薤去掉根及外层腐烂不可食用的部分	大蒜用刀面压碎、薤切碎混匀，四分法缩分至 1~1.5kg，破壁料理机或匀浆机匀浆； 洋葱按其生长轴十字纵剖 4 份，取对角线 2 份，切碎混匀，缩分至 1~1.5kg，破壁料理机或匀浆机匀浆
		绿叶葱类 韭菜、葱、青蒜、蒜薹、韭葱等	整株 韭菜、蒜薹去掉腐烂不可食用的部分；葱、青蒜、韭葱去掉根及腐烂不可食用的部分	切碎混匀，四分法缩分至 1~1.5kg，破壁料理机或匀浆机匀浆
		百合	鳞茎头 去掉根及外层腐烂不可食用的部分	切碎混匀，四分法缩分至 1~1.5kg，破壁料理机或匀浆机匀浆

（续表）

序号	蔬菜类别	类别说明	测定部位	制备方法
2	芸薹属类蔬菜	结球芸薹属 结球甘蓝、球茎甘蓝、抱子甘蓝、赤球甘蓝、羽衣甘蓝、皱叶甘蓝等	整棵 结球甘蓝、赤球甘蓝、羽衣甘蓝、皱叶甘蓝去掉根及外层腐烂不可食用的部分；抱子甘蓝去掉外层腐烂不可食用的部分；球茎甘蓝去掉根及叶	结球甘蓝、球茎甘蓝、赤球甘蓝、羽衣甘蓝、皱叶甘蓝按其生长轴"十"字纵剖4份，取对角线2份，切碎混匀，缩分至1~1.5kg，破壁料理机或匀浆机匀浆； 抱子甘蓝切碎混匀，四分法缩分至1~1.5kg，破壁料理机或匀浆机匀浆
		头状花序芸薹属 花椰菜、青花菜等	整棵 去掉叶及不可食用的柄	按其生长轴十字纵剖4份，取对角线2份，切碎混匀，缩分至1~1.5kg，破壁料理机或匀浆机匀浆
		茎类芸薹属 芥蓝、菜薹、茎芥菜等	整棵 去掉根及腐烂不可食用的部分	切碎混匀，四分法缩分至1~1.5kg，破壁料理机或匀浆机匀浆
3	叶菜类蔬菜	绿叶类 菠菜、普通白菜（小白菜、小油菜、青菜）、苋菜、蕹菜、茼蒿、大叶茼蒿、叶用莴苣、结球莴苣、油麦菜、苦苣、野苣、落葵、叶芥菜、萝卜叶、芜菁叶、菊苣、芋头叶、茎用莴苣叶、甘薯叶等	整棵 去掉根及腐烂不可食用的部分	切碎混匀，四分法缩分至1~1.5kg，破壁料理机或匀浆机匀浆
		叶柄类 芹菜、小茴香、球茎茴香等	整棵 去掉根及腐烂不可食用的部分	切碎混匀，四分法缩分至1~1.5kg，破壁料理机或匀浆机匀浆
		大白菜	整棵 去掉根及腐烂不可食用的部分	按其生长轴十字纵剖4份，取对角线2份，切碎混匀，缩分至1~1.5kg，破壁料理机或匀浆机匀浆
4	茄果类蔬菜	茄果类 番茄、樱桃番茄等	全果 去掉果柄	樱桃番茄混匀，四分法缩分至1~1.5kg，破壁料理机或匀浆机匀浆； 番茄按其生长轴十字纵剖4份，取对角线2份，破壁料理机或匀浆机匀浆
		其他茄果类 茄子、辣椒、甜椒、黄秋葵、酸浆等	全果 去掉果柄	茄子按其生长轴十字纵剖4份，取对角线2份，切碎混匀，缩分至1~1.5kg，破壁料理机或匀浆机匀浆； 辣椒、甜椒、黄秋葵切碎混匀，四分法缩分至1~1.5kg，破壁料理机或匀浆机匀浆； 酸浆混匀，四分法缩分至1~1.5kg，破壁料理机或匀浆机匀浆

（续表）

序号	蔬菜类别	类别说明	测定部位	制备方法
5	瓜类蔬菜	黄瓜、腌制用小黄瓜	全瓜 去掉瓜柄	腌制用小黄瓜切碎混匀，四分法缩分至1~1.5kg，破壁料理机或匀浆机匀浆； 黄瓜按其生长轴十字纵剖4份，取对角线2份，切碎混匀，四分法缩分至1~1.5kg，破壁料理机或匀浆机匀浆
		小型瓜类 西葫芦、节瓜、苦瓜、丝瓜、线瓜、瓠瓜等	全瓜 去掉瓜柄	按其生长轴十字纵剖4份，取对角线2份，切碎混匀，四分法缩分至1~1.5kg，破壁料理机或匀浆机匀浆
		大型瓜类 冬瓜、南瓜、笋瓜等	全瓜 去掉瓜柄	按其生长轴十字纵剖4份，取对角线2份，切碎混匀，四分法缩分至1~1.5kg，破壁料理机或匀浆机匀浆
6	豆类蔬菜	荚可食类 豇豆、菜豆、食荚豌豆、四棱豆、扁豆、刀豆等	全豆 带荚	切碎混匀，四分法缩分至1~1.5kg，破壁料理机或匀浆机匀浆
		荚不可食类 菜用大豆、蚕豆、豌豆、利马豆等	全豆 去荚	混匀，四分法缩分至1~1.5kg，破壁料理机或匀浆机匀浆
7	茎类蔬菜	芦笋、朝鲜蓟、大黄、茎用莴苣等	整棵	芦笋、朝鲜蓟、大黄切碎混匀，四分法缩分至1~1.5kg，破壁料理机或匀浆机匀浆； 茎用莴苣按其生长轴十字纵剖4份，取对角线2份，切碎混匀，四分法缩分至1~1.5kg，破壁料理机或匀浆机匀浆
8	根茎类和薯芋类蔬菜	根茎类 萝卜、胡萝卜、根甜菜、根芹菜、根芥菜、姜、辣根、芜菁、桔梗等	整棵 去掉顶部叶、叶柄及根	萝卜、胡萝卜按其生长轴十字纵剖4份，取对角线2份，切碎混匀，四分法缩分至1~1.5kg，破壁料理机或匀浆机匀浆； 根甜菜、根芹菜、根芥菜、姜、辣根、芜菁、桔梗切碎混匀，四分法缩分至1~1.5kg，破壁料理机或匀浆机匀浆
		马铃薯	全薯	按其生长轴十字纵剖4份，取对角线2份，切碎混匀，四分法缩分至1~1.5kg，破壁料理机或匀浆机匀浆
		其他薯芋类 甘薯、山药、牛蒡、木薯、芋、葛、魔芋等	全薯	甘薯、魔芋按其生长轴十字纵剖4份，取对角线2份，切碎混匀，四分法缩分至1~1.5kg，破壁料理机或匀浆机匀浆； 山药、牛蒡、木薯、芋、葛切碎混匀，四分法缩分至1~1.5kg，破壁料理机或匀浆机匀浆

（续表）

序号	蔬菜类别	类别说明	测定部位	制备方法
9	水生蔬菜	茎叶类 水芹、豆瓣菜、茭白、蒲菜等	整棵 茭白去皮	切碎混匀，四分法缩分至1~1.5kg，破壁料理机或匀浆机匀浆
		果实类 菱角、芡实、莲子等	全果 去壳	混匀，四分法缩分至1~1.5kg，破壁料理机或匀浆机匀浆
		根类 莲藕、荸荠、慈姑等	整棵	切碎混匀，四分法缩分至1~1.5kg，破壁料理机或匀浆机匀浆
10	芽类蔬菜	绿豆芽、黄豆芽、萝卜芽、苜蓿芽、花椒芽、香椿芽等	全部	切碎混匀，四分法缩分至1~1.5kg，破壁料理机或匀浆机匀浆
11	其他类蔬菜	黄花菜、竹笋、仙人掌、玉米笋等	全部	切碎混匀，四分法缩分至1~1.5kg，破壁料理机或匀浆机匀浆
12	干制蔬菜	脱水蔬菜、萝卜干等	全部	混匀，四分法缩分至1~1.5kg，植物粉碎机粉碎
13	仁果类水果	苹果、梨、山楂等	全果 去果柄，山楂去核（残留量计算应计入果核的重量）	苹果、梨按其生长轴十字纵剖4份，取对角线2份，切碎混匀，四分法缩分至1~1.5kg，破壁料理机或匀浆机匀浆； 山楂用刀面压碎，去核，四分法缩分至1~1.5kg，破壁料理机或匀浆机匀浆
14	核果类水果	桃、油桃、杏、鲜枣、李子、樱桃、青梅等	全果 去柄和果核，残留量计算应计入果核的重量	用刀切碎或压碎，去核，四分法缩分至1~1.5kg，破壁料理机或匀浆机匀浆
15	浆果和其他小型水果	藤蔓和灌木类 枸杞（鲜）、黑莓、蓝莓、桑葚	全果 去柄	混匀，四分法缩分至1~1.5kg，破壁料理机或匀浆机匀浆
		小型攀缘类 葡萄、猕猴桃	全果 去柄	葡萄混匀，四分法缩分至1~1.5kg，破壁料理机或匀浆机匀浆； 猕猴桃按其生长轴十字纵剖4份，取对角线2份，切碎混匀，四分法缩分至1~1.5kg，破壁料理机或匀浆机匀浆
		草莓	全果 去柄	混匀，四分法缩分至1~1.5kg，破壁料理机或匀浆机匀浆
16	瓜果类水果	西瓜	全瓜 去柄	按其生长轴十字纵剖4份，取对角线2份，切碎混匀，四分法缩分至1~1.5kg，破壁料理机或匀浆机匀浆
		甜瓜类 薄皮甜瓜、网纹甜瓜、哈密瓜、白兰瓜、香瓜等	全瓜 去柄	按其生长轴十字纵剖4份，取对角线2份，切碎混匀，四分法缩分至1~1.5kg，破壁料理机或匀浆机匀浆

（续表）

序号	蔬菜类别	类别说明	测定部位	制备方法
17	坚果	小粒坚果 杏仁、榛子、腰果、松仁、开心果等	全果 去壳	混匀，四分法缩分至1~1.5kg，破壁料理机或匀浆机匀浆
		大粒坚果 核桃、板栗、山核桃、澳洲坚果等	全果 去壳	混匀，四分法缩分至1~1.5kg，破壁料理机或匀浆机匀浆
18	食用菌	蘑菇类 香菇、金针菇、平菇、茶树菇、竹荪、草菇、羊肚菌、牛肝菌、口蘑、松茸、双孢蘑菇、猴头菇、白灵菇、杏鲍菇等	整棵	切碎混匀，四分法缩分至1~1.5kg，破壁料理机或匀浆机匀浆
		木耳类 木耳、银耳、金耳、毛木耳、石耳等	整棵	切碎混匀，四分法缩分至1~1.5kg，破壁料理机或匀浆机匀浆

三、样品制备数量

监督抽查遵循抽样机构与检测机构相分离的原则。样品由抽样机构抽样，检测机构协助，样品现场制备和封存。样品制备3份，1份用于检测（正样），1份用于需要时复查或确证（副样），1份用于异议时复检（备样）。制备完的样品盛放在统一的聚乙烯塑料盒中，装样量2/3~3/4盒（质量150~200g），样品盒粘贴本承检机构样品唯一性标识及封条，封条须由2名具有执法证件的抽样人员及被抽样人签字或捺印。正样和副样交承担检测任务的检测机构，备样由当地农业主管部门保存，保存条件应在-18℃以下。不具备保存条件的，可以委托具备相应资质和条件的检测机构保存。

例行监测样品由承检机构抽样人员尽快带回本单位处理，异地抽样不能及时赶回单位的，应尽快在有制样条件的场所进行样品制备，制备后的样品应冷冻保存，防止样品变质。样品制备两份，1份用于混样检测（正样），1份用于需要时复查或确证用（副样）。制备完的样品盛放在统一的聚乙烯塑料盒中，装样量2/3~3/4盒（质量150~200g），在样品盒的侧面填写阿拉伯数字1、2、3……，蔬菜和水果单独编号，样品1份用来混样，1份存放在承检机构中。存放在承检机构中的样品为防止混淆，应将样品盒装入大塑料袋或盒子中，标识上时间、抽样地点、第几次例行监测等内容。领回的样品入库时需要履行入库手续，并粘贴承检机构样品唯一性标识。

专项抽检及暗抽等样品由承检机构抽样人员尽快带回本单位处理，样品制备两份，1份用于检测（正样），1份用于需要时复查或确证用（副样）。制备完的样品盛放在统一的聚乙烯塑料盒中，装样量2/3~3/4盒（质量150~200g），样品盒粘贴本承检机构样品唯一性标识。

四、样品制备记录

样品制备记录应包含样品编号、制备时间、制备人、制备方法、制备数量或质量。

五、注意问题

用于农药残留检测的样品，样品制备不能用水清洗，应用干净纱布擦去样品表面的附着物，如果样品黏附土壤等杂物，可用刷子刷除。

用于元素检测的样品，样品制备先用自来水清洗，再用二级实验用水冲洗3遍，用干净纱布擦去样品表面水分。

重金属元素检测样品制备应采用不锈钢、陶瓷、玛瑙等材质的制样设备和尼龙筛。为防止样品间交叉污染，每个制样工位做到适当隔离；所制备样品工具应每处理完1份样品后清理干净。

第三节　粮油类样品制备

粮食包括原粮和成品粮。油料一般包括花生仁、大豆、芝麻、葵花籽等。样品制备过程分为预处理、缩分、粉碎等步骤。

一、预处理

原粮（除鲜食玉米）及油料样品根据检测项目需要进行脱壳、去杂、去砂粒等，成品粮不需要预处理。

鲜食玉米去除苞叶和花丝（玉米须）。

对于水分较高的样品（除鲜食玉米外），在不影响检测结果的前提下，一般采取通风晾干或（45±5）℃通风干燥箱干燥至相应产品标准规定的要求，并记录烘干前后水分含量。

对检测重金属项目的样品，盛放在漏水的容器内，先用自来水冲洗干净，然后用 GB/T 6682 规定的二级实验室用水冲洗三遍，通风晾干或（45±5）℃干燥箱干燥至符合样品粉碎的要求。

生物毒素样品需单独制备，制备时应戴手套进行操作，检测黄曲霉毒素的样品，因有毒霉粒的比例较小，分布不均，为避免取样带来的误差，应大量取样、粉碎，混合均匀。

二、缩分

采用四分法或分样器法将样品缩分至所需重量，一般为 500~1 000 g，分样器法不适用于大豆、花生果或仁等大粒型样品及鲜食玉米部分，检测生物毒素的样品取样量需大于 1kg。

1. 四分法

将样品倒在洁净平坦的桌面上或玻璃板上，用两块分样板将样品摊成圆形或正方形，然后从样品左右两边铲起样品约 10cm 高，对准中心同时倒落，换另一个方向同样操作，反复混合 4~5 次，将样品摊成等厚的圆形或正方形，用分样板在样品上对角线分开，分成四个等分的三角形，去除两个对顶三角形的样品，剩下的样品再按上述方法分取，直到剩余样品接近所需重量为止。

鲜食玉米（带玉米轴）：按玉米纵轴十字切成 4 份，取对角线 2 份切碎，充分混匀。

2. 分样器法

分样时，将清洁的分样器放稳，关闭漏斗开关，将样品从高于漏斗口约 5cm 处倒入漏斗内，刮平样品，打开漏斗开关，待样品流进后，轻拍分样器外壳，关闭漏斗开关，再将 2 个接样斗内的样品同时倒入漏斗内，继续按照上述方法重复混合 2 次。之后，每次取一个接样斗内的样品按上述方法继续分样，直至一个接样斗内的样品接近所需重量为止。

三、粉碎

（一）鲜样

将预处理和缩分后的样品，放入匀浆机或组织捣碎机内制成匀浆，每份不少于 100g 分装于洁净样品盒，密封并标识。

（二）干样

1. 原粮与成品粮

取少量预处理和缩分后的样品放入洁净的粉碎机中粉碎，将其弃去。然后，再粉碎剩余的样品，研磨到检测项目所需的细度。重金属及毒素检测需要 40~60 目，分装于洁净样品盒，密封并标识。

2. 油料

花生仁、蓖麻仁样品粉碎前用切片机切成 0.5mm 的薄片，再用粉碎机或研磨机按原粮与成品粮的粉碎方法制备，粉碎时间控制在 30s 以内，其他油料样品按原粮与成品粮的粉碎方法制备。

重金属元素检测样品制备应采用不锈钢、陶瓷、玛瑙等材质的制样设备和尼龙筛。每个制样工位做到适当隔离；所制备样品工具应每处理完一份样品后清理干净，严防交叉污染。

第四节 样品保存

一、入库保存

蔬菜水果样品制备完毕需要立即冷冻，可保存在冰箱或冷库中，保存条件应在-18℃以下，当天检测的样品可暂时冷藏保存。粮食样品保存条件：真菌毒素保存在聚乙烯自封袋，4℃条件下避光保存，保存不超过3个月。填写入库记录，记录包括入库数量、入库时间、移交人、保管人等信息。

二、出库检测

样品出库时，填写出库记录，记录包括领用量、领用时间、领用人、保管人等信息。蔬菜水果样品检测时需要提前将正样拿出解冻。对超标或接近限量值的样品，应重新启用正样，称2个平行样进行测定，并使用质谱法或双柱法进行确认。副样和备样检测机构不能启用，主要用于复查或复检时使用。

蔬菜水果样品反复解冻，会造成农药残留降解，有条件的检测机构，正样可以制备2份，对超标或接近限量值的样品，启用另1份正样。

三、样品流转

样品进入实验室后，要确保有人负责管理，不能丢失、变质，称样后及时入库冷冻，以备超标复测。流转全过程要有流转记录。

四、样品处置

检测任务完成后，副样和备样不能随意处置，等到飞行检查结束或请示农业农村厅许可后方可处置。

第五节　蔬菜水果样品混样流程

为确保全省蔬菜水果例行监测工作质量，根据省厅监测质量控制的总体部署，适时开展混样后盲样检测。即抽样后将待检样品重新混样编号、添加质控样、随机分配后，再进行检测。

一、基本原则

混样按照"五统一"原则执行，即统一混样地点、统一样品盒、统一样品制备方式、统一送样时间、统一样品编号。

样品再分配后形成盲样检测：按照例行监测重新混样再分配检测的原则，参加例行监测任务的承检机构将样品于统一时间，送达统一地点，全省样品重新编码后，随机分配。承检机构领取的检测样品数量与送达的抽样数量一致，但样品来源等信息不详，减少人为因素干扰。

添加质控样：在每个承检机构拿到的样品中添加了1~2个质控样，混样单位负责检测替换出的样品。质控样添加的农药种类范围不超出每次监测任务通知中要求的检测范围。

二、混样工作流程

1. 填报样品信息

准确填写《山东省农业农村厅例行监测蔬菜/水果样品信息统计表》（表3-2），并于送样前发送至通知指定邮箱。该统计表用于领取样品当日，各承检机构现场核对样品使用。

表 3-2-1 山东省农业农村厅例行监测

蔬菜样品信息统计

蔬菜样品编号	样品名称	抽样地市代号
1		××市
2		
3		
⋮		

表 3-2-2 水果样品信息统计

水果样品编号	样品名称	抽样地市代号
1		××市
2		
3		
⋮		

2. 填报抽样信息

承检机构须在抽样完成后，样品送达日之前，通过《山东省农产品质量安全例行监测系统》准确填报抽样信息。全部承检机构统一完成系统填报后，由系统管理人员赋予每组样品不同代码，至此，所有样品均具有唯一性编号。当一次任务的所有样品信息完整呈现在系统后，管理人员方可进行样品信息互换，此时，各承检机构在系统中看到的样品信息即换样后领取的样品信息，不再是各单位原来的抽样信息。各单位领取样品后，可通过系统信息与所领样品二次核对，该信息关乎样品分类和检测结果限量判定，如有问题应尽早向相关部门反映。

注：当所有承检机构在系统中填写完成后方可开展样品信息混合互换、检测数据的录入、质控样的录入、替换样的录入等工作，故各承检机构报送信息不要晚于混样当日，以免影响其他单位开展检测工作。

3. 混样时间

样品送达时间。承检机构要在混样当日 12 时前将样品送达，并填写《山东省农业农村厅例行监测混样样品交接登记表》（表 3-3），混样单位负责检查样品状况。

表 3-3　山东省农业农村厅例行监测混样样品交接登记

序号	送样单位	样品数量（批次）	样品状态	送样人	手机	接收人	时间	备注

样品领取时间。13 时发放样品，承检机构领取样品时检查样品编号、样品名称、冷冻状态、编码等信息，核对无误后，在《山东省农业农村厅例行监测混样样品领用登记表》（表 3-4）签字确认。

表 3-4　山东省农业农村厅例行监测混样样品领用登记

序号	领样单位	换样后样品编码	样品数量（批次）	样品状态	领样人	手机	发放人	时间	备注

4. 检测结果上报

按照任务通知要求，各承检机构应及时通过《山东省农产品质量安全例行监测系统》上报检测结果。混样单位负责上报替代样检测结果。当各承检机构与混样单位完成检测结果报送后，系统管理人员对样品进行反转换。至此，所有质控样与替代样完成交换，可以计算出质控样农药回收率。

质控样农药回收率的高低直接反映出承检机构的检测质量，省农业农村厅根据质控样检测结果情况适时调整各承建机构的监测任务。

三、注意事项

1. 信息填报问题

《蔬菜水果样品信息统计表》"样品编号"栏依次顺序填写1、2、3……，不要填写本单位的样品编号或其他编号。蔬菜、水果样品分成两组进行编号，不要将蔬菜与水果样品混合编号。此编号规则适用于《山东省农产品质量安全例行监测系统》《蔬菜水果样品信息统计表》和样品盒外，三者统一。

蔬菜水果名称按照 GB 2763—2019 附录 A 中"中文名称"填写，严禁使用俗名、别名。

"抽样地市代号"栏填写所抽地市的名称，只在第一行中填写即可。

2. 样品问题

混样时所送样品为低温冷冻完好正样，副样在各承检机构妥善保存。所送样品数量符合任务通知中数量要求，编号连贯完整，不能缺漏，蔬菜和水果分组编号。样品不得有漏洒、解冻现象，不得有质量不够现象，不得有样品制备细度不够现象。

如遇天气温度较高时，可考虑使用冷冻便携样品箱，以保证样品质量。送样时请携带公函（含时间、事由、人员等信息），不能按时到达的须提前告知混样单位，必要时须向上级相关部门说明原因。

3. 样品盒编号问题

样品盒使用统一规定尺寸，样品盒外编号使用黑色防水油性记号笔书写，样品编号规定统一写在盒侧面,按照 1、2、3……依次顺序编号。

4. 样品送达时间问题

一定按照时间要求送样,对于不能及时送达的情况,提前与混样机构联系,以免影响混样工作。

第四章　农药残留检测技术

第一节　概　述

一、农药定义及分类

农药，是指用于预防、控制危害农业、林业的病、虫、草、鼠和其他有害生物以及有目的地调节植物、昆虫生长的化学合成或者来源于生物、其他天然物质的一种物质或者几种物质的混合物及其制剂。农药包括用于不同目的、场所的下列各类。

一是预防、控制危害农业、林业的病、虫（包括昆虫、蜱、螨）、草、鼠、软体动物和其他有害生物。

二是预防、控制仓储以及加工场所的病、虫、鼠和其他有害生物。

三是调节植物、昆虫生长。

四是农业、林业产品防腐或者保鲜。

五是预防、控制蚊、蝇、蜚蠊、鼠和其他有害生物。

六是预防、控制危害河流堤坝、铁路、码头、机场、建筑物和其他场所的有害生物。

按农药主要的防治对象分类，常用的有以下几类：杀虫剂、杀螨剂、杀菌剂、杀线虫剂、除草剂、杀鼠剂和植物生长调节剂。

杀虫剂可分为有机氯、有机磷、氨基甲酸酯、拟除虫菊酯、沙蚕毒素、新烟碱类杀虫剂；杀螨剂是指用于防治蛛形纲中有害螨类的农药，防治植物食性螨的农用杀螨剂主要指的是指杀螨不杀昆虫或以杀螨为主的药剂；杀菌剂初期的定义为杀死真菌或者抑制其生长的化学物质，随着杀菌剂的发展被补充为包括能够直接杀死或抑制其生长发育的农药，或对病原菌没有直接生物活性，但能通过改变病原菌的治病过程或通过诱导植物产生抗病性，进而达到防治植物病害的药剂，可分为保护性杀菌剂、内吸性杀菌剂、植物诱导抗病激活剂和杀菌农用抗生素；除草剂是指能够防除杂草但不伤害有意栽培的植物的药剂，根据其化学结构的不同可分为苯氧羟酸类、苯甲酸类、芳氧苯氧基丙酸类、环己烯酮类、酰胺类、取代脲类、三氮苯类、二苯醚类、联吡啶类、二硝基苯胺类、取代氨基甲酸酯类、有机磷类、吡唑磷酮类、磺酰脲类、吡啶羟酸类、酞酰亚胺类、腈类、嘧啶水杨酸类、吡唑类、三酮类等；杀鼠剂是用于防治鼠类等有害类动物的农药，可分为急性杀鼠剂和慢性杀鼠剂；植物生长调节剂是指人工合成的、具有植物激活下的一类有机物质。它们在较低的浓度下即可对植物的生长发育表现出促进或者抑制作用，植物生长调节剂有调节作物的生育过程，达到稳产增产、改善品质、增强作物抗逆性的目的。

二、农药残留定义及相关概念

农药残留是指使用农药后，在农产品及环境中农药活性成分及其在性质上和数量上有毒理学意义的代谢（或降解、转化）产物。值得注意的是，农药残留不仅包含其原体，还包含其一种或多种有毒代谢物。在进行某种农药残留检测的时候，有的最终以原体表示，有的则用代谢物表示，并根据《食品安全国家标准食品中农药最大残留限量》（GB 2763）对该种农药残留进行折算。例如，克百威残留是指克百威和3-羟基克百威之和，最终以克百威表示；甲基硫菌灵残留是指甲基硫菌灵和多菌灵之和，最终以多菌灵表示。

农药最大残留限量（Maximum Residue Limit，MRL）：在食品或农产品内部或表面法定允许的农药最大浓度，以每千克食品或农产品中农药残留的毫克数（mg/kg）表示。

日允许摄入量（Acceptable Daily Intake，ADI）：人类（或动物）终生每

日摄入某物质，而不产生可检测到的危害健康的估计量，以每千克体重可摄入的量表示［mg/（kg 体重·d）］。ADI 值越高，说明该化学物质的毒性越低。

第二节　农药残留检测技术

在大多数情况下，被使用的农药在防治病虫害，提高农作物产量的同时，还能渗入植物并迁移到农作物的可食用部分。当生产过程中使用农药不当时，农药残留会引发安全问题。为了保证农产品的食用安全，对于其农药残留量的检测与监控是必要的，农药的检测的一般流程如下所示。

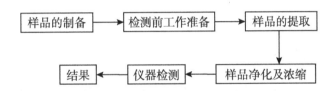

一、样品制备

样品的制备主要是为样品的农药残留检测的第一步。正确标准的制样过程是获得真实可靠的检测数据前提。样品制备的第一步为样品的采集，在样品采集的过程中，注意采样需均匀、有代表性。不同类别的样品的制备方法略有差异，例如土壤样品制备时，应除去土壤中石块、草根等杂质后，稍微晾一下，最好不要晾干，过 20 目筛备用，检测时再测土壤中水分含量；农产品样品的制备一般选取可食部分打碎具体选取的部分以及制备方法按照 GB 2763 规定执行，具体制备方法如下。

（1）对于个体较小的样品，取样后全部处理。

（2）对于个体较大的基本均匀样品，可在对称轴或对称面上分割或切成小块后处理。

（3）对于细长、扁平或组分含量在各部分有差异的样品，可在不同部位切取小片或截成小段后处理。

（4）取后的样品将其切碎，充分混匀，用四分法取样或直接放入组织捣碎机中捣碎成匀浆，放入聚乙烯瓶中。一般置于-20℃的冰箱中保存。

二、检测前工作准备

为了获得准确的测试结果，检测前期的准备工作必须充分准备。检测前期的准备工作主要分为以下几部分。

（一）环境的检查

外界环境主要通过温度和湿度的变化影响检测结果，试验前期需密切注意温湿度的变化。对于实验室、样品储藏室、前处理室和仪器室等环境进行控制，保证环境的温湿度符合检测的要求。值得注意的是，样品前处理室要进行控温，防止试剂的过度挥发，影响结果的准确性；且湿度较大的地区，仪器室要除湿。

（二）试剂和药品的检查

每进一批试剂和药品，在使用前按相应检验所要求的标准进行检测，对其进行杂质的检查，排除试剂对检测结果的干扰，如有必要应进行处理后再使用。检查试剂对对被测组分是否有干扰，一般是将试剂浓缩50～100倍后测定。

以测定乙腈在气相色谱法中的干扰为例，具体介绍试剂和药品的检查的操作过程要求。使用磨口减压浓缩器浓缩乙腈300mL，然后排除乙腈。将其残留物溶于正己烷5mL中，进样5μL至带电子捕获型检测器的气相色谱仪进行检测时，气相色谱图上的正己烷以外的峰高，必须低于 2×10^{-11} g 的 γ-BHC 的峰高。

（三）标准物质及标准液的检查

标准物质是一种已经确定了具有一个或多个足够均匀的特性值的物质或材料，作为分析测量行业中的"量具"，在校准测量仪器和装置、评价测量分析方法、测量物质或材料特性值及在生产过程中产品的质量控制等领域起着不可或缺的作用。所以在检测过程中应保证标准物质和标准液的准确性和有效性。使用标准溶液之前，应仔细检查。具体检查的方面如下。

（1）农药标准溶液。未开封的农药标准溶液保留期限以证书规定为准，保存在 0~4℃冰箱中，有效期 12 个月。

（2）农药的标准储备液一般保存在 0~4℃冰箱中，有效期为 3 个月。

（3）标准工作液现用现配。

三、样品前处理

（一）样品提取

影响提取结果的主要因素为提取溶剂以及提取方法。

1. 提取溶剂

（1）选择合适的提取溶剂是提取的关键，提取溶剂的选择一般遵循以下原则。

①相似相溶原理，即指由于极性分子间的电性作用，使得极性分子组成的溶质易溶于极性分子组成的溶剂，难溶于非极性分子组成的溶剂；非极性分子组成的溶质易溶于非极性分子组成的溶剂，难溶于极性分子组成的溶剂。所选用的提取剂不仅要与待测农药相似相溶，还要与样本都要相似相溶，对样本有较强的渗透能力，以便能将样本中农药充分提取；在充分提取的同时，提取剂应易浓缩。

提取常用溶剂：一般为有机溶剂，极性从大到小依次为：甲醇—乙醇—

乙腈—异丙醇—丙酮—正丁醇—正戊醇—乙酸乙酯—二氯甲烷—三氯甲烷—苯—甲苯—二甲苯—四氯化碳—二硫化碳—环己烷—正己烷（石油醚）。

②提取剂不能与样本发生作用，且应毒性低，价格便宜。

（2）提取溶剂选择的注意事项。

①待测样品采用电子捕获检测器（ECD）检测时，不能选带卤素的试剂作为提取剂。

②待测样品含水量较高时，一般选取与水相混溶的溶剂（乙腈、丙酮等）作为提取剂。

③当单一溶剂作为提取剂效果不理想，可选择 2 种或 2 种以上不同极性的溶剂，以不同比例配成混合提取剂。例如，检测土壤中的甲胺磷，一般需要采用甲醇或丙酮作为提取剂，若用正己烷，几乎提不出，这是因为土壤和甲胺磷均为强极性，需用极性较强的提取剂；若检测土壤中的菊酯：可采用正己烷（或石油醚）+丙酮混合溶液，因为土壤为强极性，而菊酯类农残为弱极性，由于本体和农药极性的差别，无法用单一提取剂较好提取，故采用混合提取剂。

④对于有机磷类和氨基甲酸酯类农药，一般要选择极性或中等极性溶剂，对于有机氯、菊酯类农药，一般选择中等极性或弱极性溶剂。

⑤丙酮、乙腈、二氯甲烷、乙酸乙酯常作为万能提取剂使用，多残留检测常用此类溶剂。如美国 CDFA 方法、中国 NY/T 761、GB/T 19648、GB/T 20769 方法采用乙腈；德国 S19 采用丙酮；英国采用乙酸乙酯等。

2. 主要提取方式

（1）浸泡/振荡法提取。将样品切碎或制成匀浆，加入适量溶剂，浸渍平衡 12~24h 后，直接加入溶剂提取，同时通过机械作用力使其达到混合，经过滤或离心后，用提取溶剂洗涤残渣数次，合并提取液。索氏提取属于此类提取方法。土壤、粮食等含水较少样品和动物样品常用此法提取（图4-1）。

该提取方式所需设备简单，成本低，但缺点是所需时间长，提取效率低，对一些与样品牢固结合的农药，提取不完全。

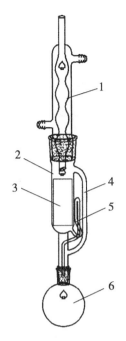

1—球形冷凝管 2—索氏提取器 3—脱脂滤纸包 4—蒸汽导管 5—虹吸管 6—圆底烧瓶

图4-1 浸泡/振荡法提取

（2）超声波提取。样品中加入溶剂后，利用超声波振动的方法进行提取，使溶剂快速地进入试样中，将其所含的农药尽可能完全地溶于溶剂之中。土壤、粮食、动物样品常用此法（图4-2）。

图4-2 超声波提取

优点是设备简单，成本低，提取效率高；缺点是可能有小部分农药损失。

（3）均质法提取。样品中加入溶剂后，用高速组织捣碎机或匀浆机提取。目前水果、蔬菜最常用的提取方法，而农药残留检测样本80％以上为水果、蔬菜类样本（图4-3）。

图4-3 均质法提取

优点是省时、提取效率高；缺点是只能用于水果、蔬菜等含水量高、易捣碎的样本。

（4）加速溶剂萃取。利用专门设备，加入溶剂后，在增加压力的情况下，将待测组分萃取出（图4-4）。

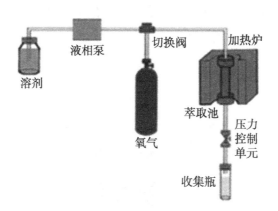

图4-4 加速溶剂萃取

优点是试剂用量少，提取效率高，特别适用于不易均质和不易分散的样品；缺点是仪器设备造价高。

（5）固相微萃取。用特殊材料制备成固相微萃取头涂层，在不同介质中萃取痕量农药后，可直接将萃取物进样。

优点是前处理简单，几乎不用有机溶剂，可用于快速检测；缺点是定量准确性差，目前主要应用于液体介质中。

3. 样品净化

样品净化主要是将对检测造成干扰的物质与待测物质分离，是提高检测结果准确性的关键步骤。主要的净化方法为：QuEChERS、液液萃取、固相萃取、凝胶色谱净化和其他净化方法等。

（1）QuEChERS。QuEChERS 的方法是近年来国际上最新发展起来的一种用于农产品检测的快速样品前处理技术，利用吸附剂填料与基质中的杂质相互作用，吸附杂质从而达到除杂净化的目的。均质后的样品经乙腈或酸化乙腈提取后，采用萃取盐盐析分层，采用乙二胺-N-丙基硅烷（PSA）或其他吸附剂与基质中绝大部分干扰物（有机酸、脂肪酸、碳水化合物等）结合，通过离心的方式去除，从而达到净化的目的。

步骤可以简单归纳如下。

①样品粉碎。

②单一溶剂乙腈提取分离。

③加入 $MgSO_4$ 等盐类除水。

④加入乙二胺-N-丙基硅烷（PSA）等吸附剂除杂。

⑤上清液进行 GC-MS、LC-MS 检测。

这类方法的优点为快速、简便、便宜、适用于大多数农药。但由于干扰大，不适用于气相色谱仪、液相色谱方法。

（2）液液萃取（LLE）。液液萃取，又称溶剂萃取或萃取，是利用体系中各组分在溶剂中的溶解度不同来分离混合物的单元操作。即利用物质在两种互不相溶（或微溶）的溶剂中溶解度或分配系数的不同，使溶质物质从一种溶剂内转移到另外一种溶剂中的方法。在净化过程中，利用待测农药在两种以上的不互溶的溶剂中溶解度的不同来达到净化的目的。其中，在净化过程中，水常作为其中的一种溶剂被选择。这是因为大多数农药在水中不溶或者微溶。对于能与水互溶的农药，则不能用水做其中的一种溶剂，如甲胺磷。值得注意的是，对于具有两性的农药，常通过调节 pH 值改变其在溶剂中溶解度以达到提取净化的效果。液液萃取这种最为传统的一种净化方式，应用广泛，但过程复杂，农药易损失。

（3）固相萃取（SPE）。固相萃取技术是近年发展起来一种样品预处理技术，由液固萃取和液相色谱技术结合发展而来。自 20 世纪 70 年代后期问世以来，发展迅速，广泛应用于环境、制药、临床医学、食品等领域。其基本原理：根据样品在固相（吸附剂）和液相（溶剂）之间的分配，其保留或洗脱机制取决于被分析物和吸附剂表面的活性集团以及与液相间的分子间作用力。其洗脱模式有两种：一种是待测物质与吸附剂的相互作用较强，被保留在吸附剂表面，洗脱时需要与待测物质作用更强的溶剂；另一种是待测物质与吸附剂的相互作用较弱，直接被洗脱。通常采用第一种洗脱方式。即用农药在吸附剂上具备一定的吸附能力，在一定极性的溶剂洗脱下再洗脱下来的特点以达到净化的目的。另外，层析柱与固相萃取类似，是固相萃取的前身，主要区别在于固相萃取填料经过处理，并产品化，吸附能力更强，使用方便，试剂用量少。

应用：单残留检测或有机氯、菊酯类多残留检测；有机磷多残留检测不适合，因其农药极性跨度大，净化效果不明显；固相萃取也用于提取，如水中有机磷农药的提取，可起到提取、净化、浓缩的作用。

（4）凝胶色谱净化。主要是利用凝胶填料对不同分子量化合物保存能力不同而达到净化的目的，分子量大者先流出，农药小分子后流出。该方法可有效去除脂肪、叶绿素等大分子干扰物。

（5）其他净化方法。浓硫酸、加热、冷冻、沉淀等方法，主要是应用于特殊样品或农药的检测。

4. 样品浓缩

样品经过提取净化后，体积变大，待测物浓度降低，不利于检测的进行，所以浓缩的目的是减小样品体积提高待测物浓度，常见方法如减压浓缩、氮吹浓缩等。

（1）减压浓缩。通过抽真空，使容器内产生负压，在不改变物质化学性质的前提下降低物质的沸点，使一些高温下化学性质不稳定或沸点高的溶剂在低温下由液态转化成气态被抽走或被通过冷凝器再次收集。减压浓缩常用的仪器为旋转蒸发仪，"旋转"可以使溶剂形成薄膜，增大蒸发面积。另外，在高效冷却器（一般是冷凝管）作用下，可将热蒸汽迅速液化，加快蒸发速率。应用：萃取液的浓缩，有机物提取，色谱分离接收液的蒸馏。蒸发速度相对较快，样品量大，控制水浴温度可控制热量输入，但只能逐个进行。

（2）氮吹浓缩。采用惰性气体对加热样液进行吹扫，使待处理样品迅速浓缩，达到快速分离纯化的效果。该方法操作简便，尤其可以同时处理多个样品，大大缩短了检测时间，被广泛应用于农残检测、制药行业和通用研究中的样品批量处理。适用于体积小、易挥发的提取液。但单个样品吹干慢，可多个样品同时进行，有个别组分损失。

四、测定

常用农药残留检测方法有生物测定法、酶抑制法、免疫分析法、仪器测定法、其他等。其中，仪器测定法是农药残留检测目前最主要的方法，常用仪器测定法有气相色谱法（GC）、液相色谱法（HPLC）、气质联用法（GC-MS）、液质联用法（HPLC-MS）等。仪器检测法具有高选择性、高分离效能、高灵敏度、快速等特点，可以对每种农药进行准确定性、定量检测，是国际公认的农药残留检测方法，是农药残留量检测最常用的方法。

1. 气相色谱法

气相色谱法是利用气体作流动相的色层分离分析方法。由于物质本身结构性质的差异，其在固定与流动状态的分配系数不同，汽化后的试样被载气（流动相）带入色谱柱中，柱中的固定相与试样中各组分分子作用力不同，各组分从色谱柱中流出时间不同，组分彼此分离。采用适当的鉴别和记录系统，制作标出各组分流出色谱柱的时间和浓度的色谱图。根据图中表明的出峰时间和顺序，可对化合物进行定性分析，根据峰的高低和面积大小，可对化合物进行定量分析。具有效能高、灵敏度高、选择性强、分析速度快、应用广泛、操作简便等特点。通过使用此种检测方法，可以有效分离上百种化合物，效果良好。此类方法适用于易挥发有机化合物的定性、定量分析。常用的检测器有 FPD 检测器、NPD 检测器、ELCD 检测器等。

FPD 检测器：火焰光度检测器，主要对含 P、S 元素的农药有响应，主要用于检测有机磷农药。灵敏度高可以达到 1~5ppb* 水平；选择性好，部分样品可以不用净化可直接检测。

NPD 检测器：氮磷检测器，主要对含 P、N 元素的农药有响应，可以检测有机磷、氨基甲酸酯及其他含氮元素的农药。其灵敏度比 FPD 略低，选择性略差，但检测范围广。

ELCD 检测器：电解电检测器，仅对 Cl 元素有响应，选择性高，价格高，国内很少配置。

2. 液相色谱法

液相色谱法是根据不同的溶质在固定相与流动相之间的分配系数和亲和力的差异以及被检测溶液中的不同溶质在经过色谱系统时的速度的差异，将其进行分离与检测。在液相色谱发展的初期，主要通过与标准物质保留特性对比的方式，对已知化合物进行定量分析，但这种分析方式易受复杂体系的影响。在后期的发展中，使用光电二极管获得多波长的吸光度，采用现代微机技术将各组分的保留时间，吸收波长和吸收光度有机统一，获得待测样品的定量和定性信息。显而易见，液相色谱本身对于未知的化合物没有鉴别的能力，其优势在与分离，能获得一定纯度的待测物组分，但难以实现对待测样品中化合物的鉴定。液相色谱主要用来检测难气化或加热易分解的农药。常用检测器为紫外检测器和荧光检测器。

紫外检测器：基于被测试样的组分对特定波长的紫外光的选择吸收特性，组分的浓度与吸光度的关系遵循朗伯-比尔定律（$A=b×C$，其中，A 为吸光

---

* 1ppm＝1mg/kg，1ppb＝1ng/g，全书同

度，C 为被测物质的浓度，b 为常数）。就灵敏度而言，紫外检测器的灵敏度比气相色谱的检测器差。另外，二极管阵列检测器也是一种紫外检测器，可以进行紫外区的全波长扫描，具有一定的定性作用。

荧光检测器：属于溶质型检测器，利用光致发光的原理。就灵敏度而言，荧光检测器具有高灵敏度，可以达到 1ppb 水平。值得注意的是，农药本身很少发荧光，一般需要进行衍生化，如氨基甲酸酯农药检测，利用 OPA 进行柱后衍生，是现在公认的氨基甲酸酯残留检测方法。

3. 色质联用法

显而易见，色谱法本身对于未知的化合物没有鉴别的能力，其优势在与分离，能获得一定纯度的待测物组分，但难以实现对待测样品中化合物的鉴定。

从结构鉴别的手段来说，质谱技术是一种有效的化合物鉴定技术。质谱技术的原理为：先将物质离子化，产生不同质核比的带电离子。通过电场的加速作用，使带电离子形成离子束，离子束进入检测器，通过电磁场发生相反的速度色散，分别聚焦得到质谱图，从而确定其质量。与此同时，通过碰撞碎裂机制，可进一步获得化合物的结构信息。质谱仪可以看作一个高灵敏度的通用型色谱检测器，既有定性功能，又有定量功能。质谱仪具有全扫描和选择离子扫描模式，现在质谱仪选择离子扫描模式最低检出浓度可达 0.01ppm 水平。

因此，将色谱与质谱相结合，能够有效地弥补液相色谱技术无法定性的技术短板。将色谱的分离能力与质谱的定性功能结合起来，实现了对复杂混合物更准确地定性和定量分析。色质联用仪是农药残留检测的发展方向，随着技术的发展，最终会取代色谱类仪器。农残检测常用质谱仪主要有四极杆质谱仪和离子阱质谱仪。

四极杆质谱仪：四极杆质谱仪名字的来源与其四级杆质量选择器有关，四级杆质量选择器是一种基于离子的质核比，使离子轨道在震荡电场中趋于稳定的设备。在结构上该质谱仪由四根带有直流电压和叠加的辐射电压的准确平行杆构成。

四极杆质谱仪结构简单，成本低，价格便宜，重现性好，应用广，农药质谱库多为 EI 源的四极杆质谱仪所做，适合日常检测用。

离子阱质谱仪：利用离子阱作为分析器的一类质谱仪，其中，离子阱是一种通过电磁场将离子限定在有限的空间内的设备。可分为三维离子阱、线性离子阱和轨道离子阱 3 种。离子阱质谱仪的灵敏度比单级四极杆质谱仪高，可以做多级，重现性稍差，适合研究用。

目前农药多残留检测逐渐被色质联用仪取代。如国家标准 GB 23200—2016、GB/T 20769—2008 等用气质联用和液质联用仪对水果、蔬菜、粮食中 400 多种农药残留，只需要一次提取，两次进样，大大节省了时间。

五、结果计算

（一）定性

1. 气相色谱法与液相色谱法主要的定性方法

（1）单柱保留时间定性法，但此类方法准确性较差，尤其在多残留检测过程中会产生较大误差。

（2）双柱双检测器定性法。用两根极性不同的柱子分别进样，然后在依据保留时间定性，只要任何一根柱否定某种检测农药，结果即可否定。这种方法定性准确度可以达到 95% 以上。

2. 色质联用法主要的定性方法

（1）对气质联用（GC-MS）操作，气相色谱分离应该使用毛细管柱。对液质联用（LC-MS）操作，色谱分离应该选用合适的液相色谱柱。在任何情况下，检测条件下分析物最小可接受的保留时间是色谱柱体积相应保留时间的 2 倍。测试部分分析物的保留时间（相对保留时间）应在特定保留时间平台内与校正的标准保留时间一致。保留时间平台应与色谱仪分辨率相当。分析物色谱保留时间和内标物保留时间的比率，即分析物的相对保留时间应与校准溶液的保留时间 GC 在 ±0.5%、LC 在 ±2.5% 的允许误差一致。

（2）质谱是用保留时间和特征离子定性，特征离子一般选择3~5种，一般不必用全扫描定性。定性准确度可以达到99%以上，也是目前国际公认方法（表4-1）。

表4-1　欧盟委员会2002/657/EC号决议质谱分析方法鉴定数据点
质谱碎片分类范围和所获得的识别点之间的关系

质谱技术	IP（ion）
低分辨率质谱（LR-MS）	1.0
低分辨率质谱 LR-MS^n——多级质谱母离子	1.0
低分辨率质谱（LR-MS^n）——多级质谱转换产物	1.5
高分辨率质谱（HR-MS）	2.0
高分辨率质谱（HR-MS^n）——多级质谱母离子	2.0
高分辨率质谱（HR-MS^n）——多级质谱转换产物	2.5

选择离子监控（SIM）：当质谱碎片被非全扫描技术所测量时，一系列的识别点将用于解释数据。表4-1为每一种最基本的质谱技术能够获得的识别点数量。然而，为了使需要确认的识别点具有资格，识别点的总和可以按以下计算。

①最小至少1个离子比率被测定。

②所有相对测定的离子比率满足上述描述的标准。

③最多3个独立技术能联合使用达到最小识别点数。

注解：

①每种离子只能计算1次。

②使用电子撞击离子化（EI）技术的GC-MS被认为与使用化学离子化（CI）技术的GC-MS不同（表4-2）。

③仅仅使用不同的化学物质达到的衍生物可以用于增加不同分析物的识别点数。

④转换产物包括子离子和次级子离子产物。

表4-2　质谱技术和连用技术获得识别点数

质谱技术	离子数	IP
GC-MS-MS	1 个母离子+2 个子离子	4
LC-MS-MS	1 个母离子+2 个子离子	4
GC-MS-MS	2 个母离子，每个有 1 个子离子	5
LC-MS-MS	2 个母离子，每个有 1 个子离子	5

另外，使用 GC/MS 或 LC/MS 时需要 4 个离子，但应用 GC（LC）-MS/MS 时只需 2 个离子对。

在检测过程中选用的离子对，应满足此要求。

（二）定量

现代色谱仪主要采用峰面积计算结果。计算方法主要有两种：外标法和内标法，由于农药残留检测属于痕量检测，回收率范围较宽，内标法计算较为烦琐，因此一般不必要用内标法计算。

外标法定量：有标准曲线法和单点法。由于在实际检测中，标准曲线法需进大量标准溶液，且浓度较低时，误差较大，不推荐使用。单点校正法，可选择与待测组分含量差别不大的标准品来计算，结果准确性高，为残留检测常用方法。

六、方法的评价指标

（一）添加回收率（Fortified Recovery）

空白样品中加入一定浓度某一农药（C_1）后，其样品中此农药浓度测定值（C_2）对加入值的百分率（F）。

$$F（\%）= C_2/C_1×100$$

添加回收率的目的为衡量测定值与真值之间的误差，是制订农残分析方法准确度和可行性的指标；方法验证需设 3 浓度 5 平行，单残留回收率一般在 80%~120%，多残留回收率一般在 70%~130%。

回收率不在要求范围内的主要因素如下。

（1）标样问题。标样的稳定性、移液管（移液枪）使用、环境影响、加标量的准确性、标样和添加标样的同源性。

（2）提取和分取滤液。不准确，注意量筒和移液管的使用。

（3）氮吹。氮吹一定要近干，保持湿润。

（4）固相萃取。淋洗时，避免造成柱床干涸塌陷；淋洗效率。

（5）定容。最终定容一定要准确。

（6）基质效应。部分有机磷农药基质效应明显。

（7）仪器问题。进样器、衬管、柱子、检测器、积分选择等。

（8）其他操作失误。过滤液体飞溅出来，用手振荡时漏液、混匀时外洒等。

（9）滤器。不同滤器选用的定容用溶液不合适会对部分农药产生吸附。

（二）精密度

变异系数（Coefficient of Variation），衡量回收率偏差程度，判定农残分析方法的精密度（重现性）指标。

$$变异系数（\%）=标准偏差/平均回收率×100$$

样品添加浓度水平低，变异系数范围亦大。一般应≤20%。

变异系数造成不符合的主要因素如下。

（1）称样时样品没有混匀，称样不准确。

（2）氮吹时吹干的程度不一样。

（3）加标时加标量有差异。

（4）分取滤液不准确。

（5）固相萃取不一致对样品的影响。

（6）用丙酮清洗小烧杯时，清洗程度不一致。

（7）仪器状态不稳定。

（三）灵敏度

检出限（Limit of Detection，LOD）衡量仪器或方法灵敏度的指标。要低于测定目标物的 MRL 值（最好低一个数量级）。分为仪器检出限和方法检出限。

在与样品测定完全相同的条件下，某种分析仪器能够检出分析目的物的最小量（在无基质存在下）。

最低检出限（LOD）：在色谱图上可清楚确认的分析目的物色谱峰的下限。通常为噪声 3 倍（S/N＝3）。

最低定量限（LOQ）：在色谱图上可清楚定量分析目的物色谱峰值的下限。通常为噪声 10 倍（S/N＝10）。

仪器工作站可以测定 S/N。如 α-BHC 为 0.01mg/kg，S/N＝30，则 LOD＝0.001mg/kg，LOQ＝0.003mg/kg。

在与样品测定完全相同的条件下，某种方法能够检出分析目的物的最低量或浓度（在有基质存在下）。

最低检出限（LOD）：S/N＝3。

最低定量限（LOQ）：S/N＝10。

用添加某分析目的物最低浓度水平的样品，经过该方法的全部操作程序测定某 S/N。

如 α-BHC 在韭菜中，CDFA 方法添加 0.01mg/kg 水平，ECD 进仪器浓度为 0.01mg/kg，S/N＝12，LOD＝0.002 5 mg/kg，LOQ＝0.008mg/kg。

第三节　典型测定方法

一、NY/T 761—2008 蔬菜和水果中有机磷、有机氯、拟除虫菊酯和氨基甲酸酯类农药多残留的测定

（一）蔬菜和水果中有机磷药多残留的测定

1. 范围

本部分规定了蔬菜和水果中敌敌畏、甲拌磷、乐果、对氧磷、对硫磷、甲基对硫磷、杀螟硫磷、异柳磷、乙硫磷、喹硫磷、伏杀硫磷、敌百虫、氧乐果、磷胺、甲基嘧啶磷、马拉硫磷、辛硫磷、亚胺硫磷、甲胺磷、二嗪磷、甲基毒死蜱、毒死蜱、倍硫磷、杀扑磷、乙酰甲胺磷、胺丙畏、久效磷、百治磷、苯硫磷、地虫硫磷、速灭磷、皮蝇磷、治螟磷、三唑磷、硫环磷、甲基硫环磷、益棉磷、保棉磷、蝇毒磷、地毒磷、灭菌磷、乙拌磷、除线磷、嘧啶磷、溴硫磷、乙基溴硫磷、丙溴磷、二溴磷、吡菌磷、特丁硫磷、水胺硫膦、灭线磷、伐灭膦、杀虫畏 54 种有机磷类农药多残留气相色谱的检测方法。

本部分适用于蔬菜和水果中上述 54 种农药残留量的检测。

本方法检出限为：0.01~0.3mg/kg。

2. 原理

试样中的有机磷农药经乙腈提取，提取液经过滤、浓缩后，用丙酮定容，用双自动进样器同时注入气相色谱仪的两个进样口，农药组分经不同极性的两根毛细管柱分类里，火焰光度检测器（FPD 磷滤光片）检测，用双柱保留时间定性，外标法定量。

3. 试剂与材料

乙腈，丙酮，氯化钠（140℃烘烤 4h），滤膜（有机膜，0.2μm），铝箔。

57

除非另有说明，在分析中仅使用确认为分析纯度的试剂和 GB/T 6682 中规定的至少二级水。

4. 农药标准溶液的配制

单一农药标准溶液：准确称取一定量的某农药标准品，用丙酮做溶剂，配制成浓度为 1 000 mg/L 的单一农药标准储备液，储存在 -18℃ 的冰箱中。使用时，根据各农药的响应值，准确吸取适量的农药储备液，用丙酮稀释配制成所需的标准工作液。

混合标准工作液：将 54 种农药分成 4 组，分组如下，根据各农药在仪器上的响应值，逐一准确吸取一定体积的同组别的单个农药储备液分别注入同一容量瓶中，用丙酮稀释至刻度，采用同样方法配制成 4 组农药混合标准储备溶液。使用前用丙酮稀释成所需质量浓度的标准工作液。

Ⅰ组：敌敌畏、乙酰甲胺磷、百治磷、乙拌磷、乐果、甲基对硫磷、毒死蜱、嘧啶磷、倍硫磷、辛硫磷、灭菌磷、三唑磷、亚胺硫磷。

Ⅱ组：敌百虫、灭线磷、甲拌磷、氧乐果、二嗪磷、地虫硫磷、甲基毒死蜱、对氧磷、杀螟硫磷、溴硫磷、乙基溴硫磷、丙溴磷、乙硫磷、吡菌磷、蝇毒磷。

Ⅲ组：甲胺磷、治螟磷、特丁硫磷、久效磷、除线磷、皮蝇磷、甲基嘧啶硫磷、对硫磷、异柳磷、杀扑磷、甲基硫环磷、伐灭磷、伏杀硫磷、益棉磷。

Ⅳ组：二溴磷、速灭磷、胺丙畏、磷胺、地毒磷、马拉硫磷、水胺硫磷、喹硫磷、杀虫畏、硫环磷、苯硫磷、保棉磷。

5. 仪器设备

气相色谱仪，带有火焰光度检测器（FPD 磷滤光片），双自动进样器，双分流/不分流进样口；食品加工器；旋涡混合器；匀浆机；氮吹仪等分析实验室常用设备。

6. 样品的制备

（1）样品取样部位按照 GB 2763 规定执行。

（2）对于个体较小的样品，取样后全部处理。

（3）对于个体较大的基本均匀样品，可在对称轴或对称面上分割或切成小块后处理。

（4）对于细长、扁平或组分含量在各部分有差异的样品，可在不同部位切取小片或截成小段后处理。

（5）取后的样品将其切碎，充分混匀，用四分法取样或直接放入组织捣碎机中捣碎成匀浆，放入聚乙烯瓶中。

7. 试样分析

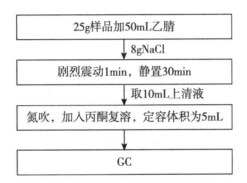

8. 色谱参考条件

色谱柱：预柱，1.0m，内径 0.53mm，脱活石英毛细管柱。

两根色谱柱：A 柱，50%聚苯基甲基硅氧烷（DB-17 或者 HP-50+）柱，30m×0.53mm×1.0μm，或者性能相当者；B 柱，100%聚甲基硅氧烷（DB-1 或者 HP-1）柱，30m×0.53mm×1.5μm，或者性能相当者。

温度：进样口温度 220℃，检测器温度 250℃；柱温，150℃，保持 2min 后以 8℃/min 升至 250℃，保持 12min。

气体及流量载气：氮气，纯度 ≥ 99.999%，流速，10mL/min。

进样方式：不分流进样。样品溶液一式两份，由自动进样器同时进样。

9. 色谱分析

由自动进样器分别吸取 1.0μL 的标准混合溶液与待测样品，注入色谱仪中，以双柱的保留时间定性，以 A 柱获得的标准溶液与待测试样的峰面积比较，从而定性。

10. 结果表述

（1）定性分析。双柱测得试样中未知组分的保留时间（RT）分别于标准溶液在同一色谱柱上的保留时间相比较，如果试样中未知组分的两组保留时间（RT）与标准溶液中的某一农药的两组保留时间相差都在±0.05min 内的可认定为该农药。

（2）定量结果结算。试样中被测农药的残留量以质量分数 ω 计，单位以毫克每千克（mg/kg）表示，按照以下公式计算。

$$w = \frac{V_1 \times A \times V_3}{V_2 \times A_s \times m} \times \rho$$

A：样品中被测农药组分的峰面积；

A_s：标准溶液中被测农药组分的峰面积；

V_1：提取溶液总体积（mL）；

V_2：吸取出用于检测的提取溶液体积（mL）；

V_3：样品定容体积（mL）；

m：样品取样量（g）；

ρ：标准溶液中农药的含量（mg/L）。

计算结果保留两位有效数字，当结果值大于 1mg/kg 时保留 3 位有效数字。

11. 精密度

本标准的精密度数据按照 GB/T 6379.2 规定确定，获得重复性和重现性的值以 95% 的可信度来计算。

12. 色谱图

色谱图见图 4-5 至图 4-8。

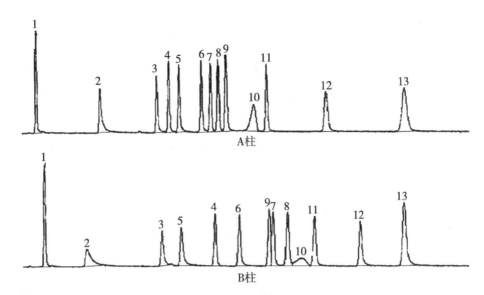

1—敌敌畏　2—乙酰甲胺磷　3—百治磷　4—乙拌磷　5—乐果　6—甲基对硫磷　7—毒死蜱
8—嘧啶磷　9—倍硫磷　10—辛硫磷　11—灭菌磷　12—三唑磷　13—亚胺硫磷

图4-5　第Ⅰ组有机磷农药标准溶液

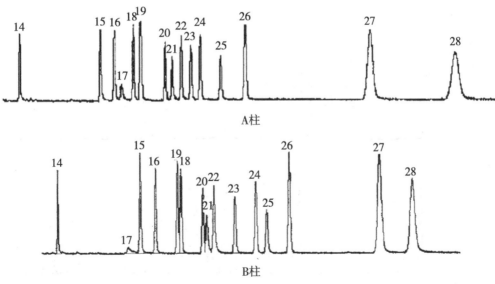

14—敌百虫　15—灭线磷　16—甲拌磷　17—氧乐果　18—二嗪磷　19—地虫硫磷
20—甲基毒死蜱　21—对氧磷　22—杀螟硫磷　23—溴硫磷　24—乙基溴硫磷
25—丙溴磷　26—乙硫磷　27—吡菌磷　28—蝇毒磷

图4-6　第Ⅱ组有机磷农药标准溶液

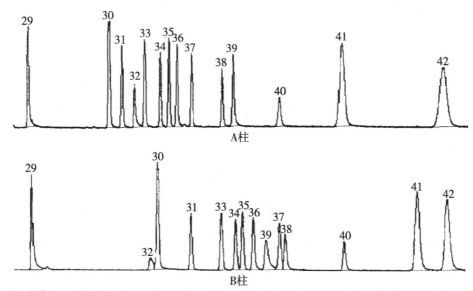

29—甲胺磷　30—治螟磷　31—特丁硫磷　32—久效磷　33—除线磷　34—皮蝇磷　35—甲基嘧啶磷
36—对硫磷　37—异柳磷　38—杀扑磷　39—甲基硫环磷　40—伐灭磷　41—伏杀硫磷　42—益棉磷

图4-7　第Ⅲ组有机磷农药标准溶液

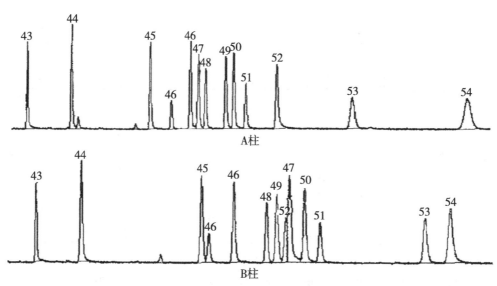

43—二溴磷　44—速灭磷　45—胺丙畏　46—磷胺　47—地毒磷　48—马拉硫磷
49—水胺硫磷　50—喹硫磷　51—杀虫畏　52—硫环磷　53—苯硫磷　54—保棉磷

图4-8　第Ⅳ组有机磷农药标准溶液

（二）蔬菜和水果中有机氯、拟除虫菊酯类农药多残留的测定

1. 范围

本部分规定了蔬菜和水果中的 α－666、β－666、δ－666、o,p′－DDE、p,p′－DDE、o,p′－DDD、p,p′－DDD、o,p′－DDT、p,p′－DDT、七氯、艾氏剂、异菌脲、联苯菊酯、顺式氯菊酯、氯菊酯、氟氯氰菊酯、西玛津、莠去津、五氯硝基苯、林丹、乙烯菌核利、敌稗、三氯杀螨醇、硫丹、高效氯氟氰菊酯、氯硝胺、六氯苯、百菌清、三唑酮、腐霉利、丁草胺、狄氏剂、异狄氏剂、胺菊酯、甲氰菊酯、乙酯杀螨醇、氟胺氰菊酯、氟氰戊菊酯、氯氰菊酯、氰戊菊酯、溴氰菊酯41种有机氯、拟除虫菊酯类农药多残留气相色谱检测方法。

本部分适用于蔬菜和水果中上述41种农药残留量的检测。

本方法检出限为：0.000 1～0.01mg/kg。

2. 原理

试样中的有机氯、拟除虫菊酯类农药经乙腈提取，提取液经过滤、浓缩后，采用固相萃取柱分离，净化，淋洗后经浓缩后，用双塔自动进样器，同时注入气相色谱仪的两个进样口，农药组分经不同极性的两根毛细管柱分类里，电子捕获检测器（ECD）检测，用双柱保留时间定性，外标法定量。

3. 试剂与材料

乙腈，丙酮，正己烷，氯化钠（140℃烘烤4h），固相萃取柱，弗罗里矽柱容积6mL，填充物1 000 mg，铝箔。

除非另有说明，在分析中仅使用确认为分析纯度的试剂和GB/T 6682中规定的至少二级水。

4. 农药标准溶液的配制

单一农药标准溶液：准确称取一定量的某农药标准品，用正己烷做溶剂，配制成浓度为1 000 mg/L的单一农药标准储备液，储存在－18℃的冰箱中。使用时，根据各农药的响应值，准确吸取适量的农药储备液，用正己烷稀释配制成所需的标准工作液。

混合标准工作液：将41种农药分成3组，分组如下，根据各农药在仪器上的响应值，逐一准确吸取一定体积的同组别的单个农药储备液分别注入同一容量瓶中，用正己烷稀释至刻度，采用同样方法配制成3组农药混合标准储备溶液。使用前用正己烷稀释成所需质量浓度的标准工作液。

Ⅰ组：α-666、西玛津、莠去津、δ-666、七氯、艾氏剂、o，p′-DDE、p，p′-DDE、o，p′-DDD、p，p′-DDT、异菌脲、联苯菊酯、顺式氯菊酯、氟氯氰菊酯、氟胺氰菊酯。

Ⅱ组：β-666、林丹、五氯硝基苯、敌稗、乙烯菌核利、硫丹、p，p′-DDD、三氯杀螨醇、高效氯氟氰菊酯、氯菊酯、氟氰戊菊酯。

Ⅲ组：氯硝胺、六氯苯、百菌清、三唑酮、腐霉利、丁草胺、狄氏剂、异狄氏剂、乙酯杀螨醇、o，p′-DDT、胺菊酯、甲氰菊酯、氯氰菊酯、氰戊菊酯、溴氰菊酯。

5. 仪器设备

气相色谱仪，带有双电子捕获检测器（ECD），双自动进样器，双分流/不分流进样口；食品加工器；旋涡混合器；匀浆机；氮吹仪等分析实验室常用设备。

6. 试样分析

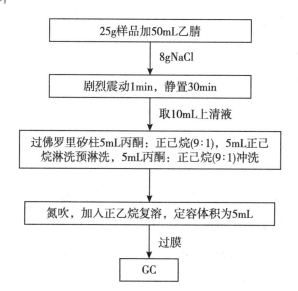

7. 色谱参考条件

色谱柱：预柱，1.0m，内径 0.25mm，脱活石英毛细管柱。

两根色谱柱：A 柱，100%聚甲基硅氧烷（DB-1 或者 HP-1）柱，30m× 0.25mm×0.25μm，或者性能相当者；B 柱，50%聚苯基甲基硅氧烷（DB-17 或者 HP-50+）柱，30m×0.25mm×0.25μm，或者性能相当者。

温度：进样口温度 200℃，检测器温度 320℃。

柱温：150℃（保持 2min）。

6℃/min 270℃（保持 8min，测定溴氰菊酯保持 23min）。

气体及流量载气：氮气，纯度 ≥ 99.999%，流速，1.2mL/min。

进样方式：分流进样，分流比 10∶1，样品溶液一式两份，由双塔自动进样器同时进样。

8. 色谱分析

由自动进样器分别吸取 1.0μL 的标准混合溶液与待测样品，注入色谱仪中，以双柱的保留时间定性，以 A 柱获得的标准溶液与待测试样的峰面积比较，从而定量。

9. 结果表述

（1）定性分析。双柱测得试样中未知组分的保留时间（RT）分别于标准溶液在同一色谱柱上的保留时间（RT）相比较，如果试样中未知组分的两组保留时间（RT）与标准溶液中的某一农药的两组保留时间相差都在 ±0.05min 内的可认定为该农药。

（2）定量结果结算。试样中被测农药的残留量以质量分数 ω 计，单位以毫克每千克（mg/kg）表示，按照以下公式计算。

$$w = \frac{V_1 \times A \times V_3}{V_2 \times A_s \times m} \times \rho$$

A：样品中被测农药组分的峰面积；

A_s：标准溶液中被测农药组分的峰面积；

V_1：提取溶液总体积（mL）；

V_2：吸取出用于检测的提取溶液体积（mL）；

V_3：样品定容体积（mL）；

m：样品取样量（g）；

ρ：标准溶液中农药的含量（mg/L）。

计算结果保留2位有效数字，当结果值大于1mg/kg时保留3位有效数字。

10. 精密度

本标准的精密度数据按照 GB/T 6379.2 规定确定，获得重复性和重现性的值以95%的可信度来计算。

11. 色谱图

色谱图见图4-9至图4-11。

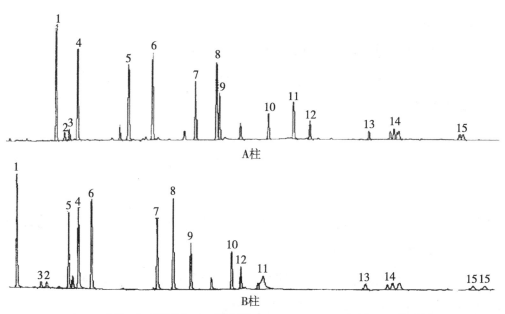

1—α-666　2—西玛津　3—莠去津　4—δ-666　5—七氯　6—艾氏剂
7—o, p′-DDE　8—p, p′-DDE　9—o, p′-DDD　10—p, p′-DDT　11—异菌脲
12—联苯菊酯　13—顺式氯菊酯　14—氟氯氰菊酯　15—氟胺氰菊酯

图4-9　第 I 组有机氯标准溶液

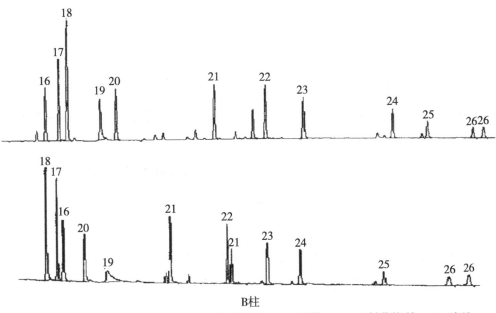

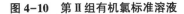

B柱

16—β-666　17—林丹　18—五氯硝基苯　19—敌稗　20—乙烯菌核利　21—硫丹

22—p, p′-DDD　23—三氯杀螨醇　24—高效氯氟氰菊酯　25—氟氰酯　26—氟氰戊菊酯

图 4-10　第Ⅱ组有机氯标准溶液

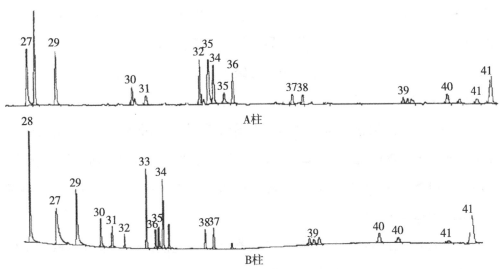

27—氯硝胺　28—六氯苯　29—百菌清　30—三唑酮　31—腐霉利　32—丁草胺

33—狄氏剂　34—异狄氏剂　35—乙酯杀螨醇　36—o, p′-DDT　37—胺菊酯

38—甲氰菊酯　39—氯氰菊酯　40—氰戊菊酯　41—溴氰菊酯

图 4-11　第Ⅲ组有机氯标准溶液

（三）蔬菜和水果中氨基甲酸酯类农药多残留的测定

1. 范围

本部分规定了蔬菜和水果中的涕灭威、涕灭威砜、涕灭威亚砜、灭多威、克百威、3-羟基克百威、甲萘威、异丙威、速灭威、仲丁威 10 种氨基甲酸酯类农药及代谢物多残留液相色谱法检测方法。

本部分适用于蔬菜和水果中上述 10 种农药残及代谢物留量的检测。

本方法检出限为：0.008~0.02mg/kg。

2. 原理

试样中的氨基甲酸酯类农药经乙腈提取，提取液经过滤、浓缩后，采用固相萃取柱分离，净化，淋洗后经浓缩后，使用荧光检测器和柱后衍生系统的高效液相色谱进行检测，用双柱保留时间定性，外标法定量。

3. 试剂与材料

乙腈，丙酮，正己烷，氯化钠（140℃烘烤 4h），甲醇，柱后衍生试剂（OPA 稀释溶液，邻苯二甲醛，巯级乙醇）固相萃取柱，氨基柱，容积 6mL，填充物 500mg，滤膜 0.2μm。除非另有说明，在分析中仅使用确认为分析纯度的试剂和 GB/T 6682 中规定的至少二级水。

4. 农药标准溶液的配制

单一农药标准溶液：准确称取一定量的某农药标准品，用甲醇做溶剂，配制成浓度为 1 000 mg/L 的单一农药标准储备液，储存在-18℃的冰箱中。使用时，根据各农药的响应值，准确吸取适量的农药储备液，用甲醇稀释配制成所需的标准工作液。

混合标准工作液：根据各农药在仪器上的响应值，逐一准确吸取一定体积的单个农药储备液注入同一容量瓶中，用甲醇稀释至刻度配制成农药标准储备液，使用前用甲醇稀释成所需质量浓度的标准工作液。

5. 仪器设备

液相色谱仪，可进行梯度洗脱，配有荧光检测器和柱后衍生系统；食品加工器；匀浆机；氮吹仪等分析实验室常用设备。

6. 试样分析

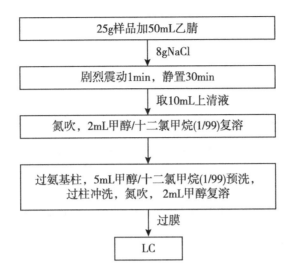

7. 色谱参考条件

色谱柱：预柱，C_{18}，4.6mm×4.5cm；分析柱，C_8，4.6mm×25cm，5μm，或 C_{18}，4.6mm×25cm，5μm。

柱温：42℃。

荧光检测器：λex 330nm，λex 465nm。

洗脱梯度：表4-3。

表4-3　溶剂梯度与流速

时间（min）	水（%）	甲醇（%）	流速（mL/min）
0.00	85	15	0.5
2.00	75	25	0.5
8.00	75	25	0.5
9.00	60	40	0.8
10.00	55	45	0.8
19.00	20	80	0.8
25.00	20	80	0.8
26.00	85	15	0.5

柱后衍生：

0.05mol/L 氢氧化钠溶液，流速 0.3mL/min。

OPA 试剂：流速 0.3mL/min。

反应温度：水解温度 100℃。

衍生温度：室温。

8. 色谱分析

分别移取 20.0μL 的标准混合溶液与待测样品，注入色谱仪中，以保留时间定性，以标准溶液与待测试样的峰面积比较，从而定量。

9. 结果表述

试样中被测农药的残留量以质量分数 w 计，单位以毫克每千克（mg/kg）表示，按照以下公式计算。

$$w = \frac{V_1 \times A \times V_3}{V_2 \times A_s \times m} \times \rho$$

A：样品中被测农药组分的峰面积；

A_s：标准溶液中被测农药组分的峰面积；

V_1：提取溶液总体积（mL）；

V_2：吸取出用于检测的提取溶液体积（mL）；

V_3：样品定容体积（mL）；

m：样品取样量（g）；

ρ：标准溶液中农药的含量（mg/L）。

计算结果保留两位有效数字，当结果值大于 1mg/kg 时保留 3 位有效数字。

10. 精密度

本标准的精密度数据按照 GB/T 6379.2 规定确定，获得重复性和重现性的值以 95% 的可信度来计算。

11. 色谱图

色谱图见图 4-12。

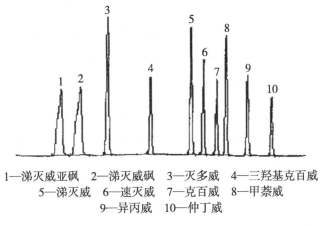

1—涕灭威亚砜　2—涕灭威砜　3—灭多威　4—三羟基克百威
5—涕灭威　6—速灭威　7—克百威　8—甲萘威
9—异丙威　10—仲丁威

图 4-12　氨基甲酸酯类农药标准溶液

二、GB/T 20769—2008 水果和蔬菜中 450 种农药及相关 化学品残留量的测定液相色谱—串联质谱法

1. 范围

本标准规定了苹果、橙子、洋白菜、芹菜、西红柿中 450 种农药及相关 化学品残留量的测定方法。本标准适用于苹果、橙子、洋白菜、芹菜、西红 柿中 450 种农药及相关化学品残留的定性鉴别，381 种农药及相关化学品残留 量的定量测定。

本标准定量测定的 381 种农药及相关化学品方法检出限为 0.01～ 0.606mg/kg。

2. 原理

试样中的农药经乙腈提取，盐析离心，Sep-Pak Vac 柱净化，用乙 腈+甲苯（3+1）洗脱农药及相关化学品，液相色谱-串联质谱法，外标法 定量。

3. 试剂与材料

乙腈（色谱纯），正己烷（色谱纯），异辛烷（色谱纯），甲苯（优级 醇），丙酮（色谱纯），二氯甲烷（色谱纯），甲醇（色谱纯），氯化钠（优 级醇），微孔过滤膜（尼龙）：13mm×0.2μm，Sep-Pak Vac 氨基固相萃取柱：

1g, 6mL 或相当者, 乙腈+甲苯 (3+1, 体积比), 乙腈+水 (3+2, 体积比), 5mmoL 乙酸铵溶液, 无水硫酸钠 (分析纯), 氯化钠 (优级纯)。除非另有说明, 在分析中仅使用确认为分析纯度的试剂和 GB/T 6682 中规定的二级水。

4. 农药标准溶液的配制

单一农药标准溶液: 分别称取 5~10mg (精确至 0.1mg) 的农药标准品于 10mL 的容量瓶中, 根据标准物质的溶解度选择合适的溶剂 (甲醇、乙腈、异辛烷、甲苯、丙酮) 等, 定容至刻度。标准储备液 0~4℃ 避光保存, 可使用一年。

混合标准工作液: 根据各农药在仪器上的响应值, 逐一准确吸取一定体积的单个农药储备液注入同一容量瓶中, 用甲醇稀释至刻度配制成农药标准储备液, 标准储备液 0~4℃ 避光保存, 可使用 3 个月。

基质混合标准工作溶液: 农药基质混合标准工作液是用空白样品基质配制成不同浓度的基质混合标准工作液, 其应现用现配。

5. 仪器设备

液相色谱-串联质谱仪: 配有电喷雾离子源 (ESI); 分析天平: 感量 0.1mg 和 0.01g; 高速组织捣碎机: 转速不低于 20 000 r/min; 离心管: 80mL; 离心机: 最大转速 4 200 r/min; 旋转蒸发仪; 鸡心瓶: 200mL; 移液器: 1mL; 样品瓶 2mL, 带聚四氟乙烯旋盖; 氮吹仪。

6. 试样的处理过程

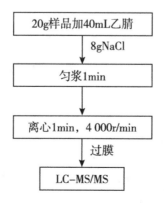

7. 色谱参考条件

色谱柱：Agilent C18，2.7μm，4.6×100mm。

柱温：40℃。

进样量：2μL。

洗脱梯度：见表4-4。

表4-4 溶剂梯度与流速

时间（min）	5mmol 乙酸铵-0.1%甲酸水（%）	甲醇（%）
0.01	90	10
0.50	90	10
1.00	30	70
2.00	5	95
7.50	5	95
8.00	90	10
10.00	90	10

质谱条件：

离子源：ESI$^+$。

扫描方式：正离子扫描。

检测方式：多反应检测。

电喷雾电压：5 000 V。

雾化气压力：45.0psi。

气帘气压力：35.0psi。

辅助加热器：45.0psi。

离子源温度：400℃。

8. 定性测定

相同条件下，样品色谱峰保留时间与标准品一致，并且在扣除背景的质谱图中，所选的离子均出现，所选择的离子丰度比与标准品的离子丰度比一致（相对丰度>50%，允许±20%偏差；相对丰度>20%~50%，允许±25%偏差；相对丰度>10%～20%，允许±30%偏差；相对丰度≤10%，允许±50%偏差），则可判定样品中存在这种农药。

9. 定量测定

本标准采用外标法定量，为了减小基质对定量测定的影响，定量的标准溶液采用基质混合标准工作液绘制标准曲线，并且保证测定样品中农药在仪器线性范围内。

10. 结果计算

液相色谱-串联质谱法采用标准曲线法定量，标准曲线法定量结果按以下公式计算。试样中被测农药的残留量以质量分数 X_i 计，单位以毫克每千克（mg/kg）表示。

$$X_i = c_i \times \frac{V}{m} \times \frac{1\,000}{1\,000}$$

X_i：质量分数 X_i（mg/kg）；

c_i：从标准工作曲线中得到的试样溶液中被测组分的浓度（μg/mL）；

V：试样溶剂定容体积（mL）；

m：样品取样量（g）。

11. 精密度

本标准的精密度数据按照 GB/T 6379.2 规定确定，获得重复性和重现性的值以95%的可信度来计算。

12. 离子流图（图4-13）

图4-13为甲胺磷、甲拌磷（包括甲拌磷砜和甲拌磷亚砜）、氧化乐果、克百威（包括3-羟基克百威）、涕灭威（包括涕灭威砜涕灭威亚砜）、乙酰甲胺磷、灭多威、辛硫磷、甲萘威、多菌灵、吡虫啉、啶虫脒、苯醚甲环唑、甲氨基阿维菌素苯甲酸盐、烯酰吗啉、咪鲜胺、噻虫嗪、氟啶脲、灭幼脲、灭蝇胺、甲霜灵、霜霉威、多效唑、氯吡脲、氯虫苯甲酰胺、虫酰肼、吡唑醚菌酯的总离子流图。

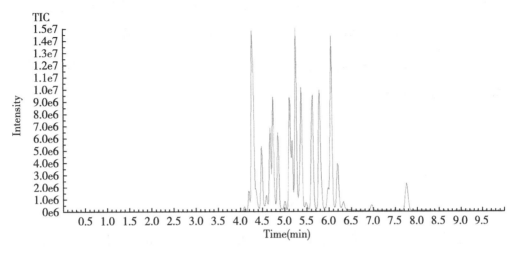

图 4-13　离子流图

三、GB 23200.113—2018 植物源性食品中 208 种农药及其代谢物残留量的测定

1. 范围

植物源性食品（蔬菜、水果和食用菌、谷物、油料和坚果、茶叶和香辛料等）。

检测的农药及相关化学品（以下简称农药）种类：208 种农药定性定量。

方法检出限：0.01~0.05mg/kg。

2. 原理

试样用乙腈提取，提取液经固相萃取或分散固相萃取净化，植物油试样经凝胶渗透色谱柱净化，气相色谱-质谱联用仪检测，内标法或外标法定量。

3. 试剂与材料

乙腈（CH_3CN，CAS 号：75-05-8）；乙酸乙酯（$CH_3COOC_2H_5$，CAS 号：141-78-6）：色谱纯；甲苯（C_7H_8，CAS 号：108-88-3）：色谱纯；环己烷（C_6H_{12}，CAS 号：110-82-7）：色谱纯；氯化钠（NaCl，CAS 号：7647-14-5）；醋酸钠（CH_3COONa，CAS 号：6131-90-4）；醋酸（CH_3COOH，CAS 号：55896-93-0）；硫酸镁（$MgSO_4$，CAS 号：7487-88-9）；柠

檬酸钠（$Na_3C_6H_5O_7$，CAS 号：6132-04-3）；柠檬酸氢二钠（$C_6H_6Na_2O_7$，CAS 号：6132-05-4）；在分析中仅使用确认为分析纯度的试剂和 GB/T 6682 中规定的一级水。固相萃取柱：石墨化炭黑-氨基复合柱，500mg/500mg，容积6mL；乙二胺-N-丙基硅烷化硅胶（PSA）：40～60μm；石墨化炭黑（GCB）：40～120μm；陶瓷均质子：2cm×1cm；微孔滤膜（有机相）：13mm×0.22μm。

4. 农药标准溶液的配制

单一农药标准溶液：分别称取 10mg（精确至 0.1mg）的农药标准品于 10mL 的容量瓶中，根据标准物质的溶解度选择合适的溶剂（丙酮或正己烷）等，定容至刻度。标准储备液 0～4℃避光保存，可使用一年。

混合标准工作液：根据各农药在仪器上的响应值，逐一准确吸取一定体积的单个农药标准液注入同一容量瓶中，用乙酸乙酯稀释至刻度配制成农药标准储备液，标准储备液 0～4℃避光保存，可使用 3 个月。

内标溶液：准确称取 10mg 的环氧七氯 B，用乙酸乙酯溶解后转移至 10mL 容量瓶中，定容，即为内标储备液。内标储备液用乙酸乙酯稀释至 5mg/L 为内标液。

基质混合标准工作溶液：农药基质混合标准工作液是用空白样品基质配制成不同浓度的基质混合标准工作液，其应现用现配。

5. 仪器设备

气相色谱-三重四级杆质谱联用仪：配有电子轰击源（EI）；分析天平：感量 0.1mg 和 0.01g；高速匀浆机：转速不低于 15 000 r/min；离心机：转速不低于 4 200 r/min；旋转蒸发仪；组织捣碎机；氮吹仪：可控温；涡旋混合器；凝胶渗透色谱仪或装置。

6. 试样的处理（蔬菜、水果和食用菌）

（1）QuEChERS 前处理。

（2）固相萃取前处理。

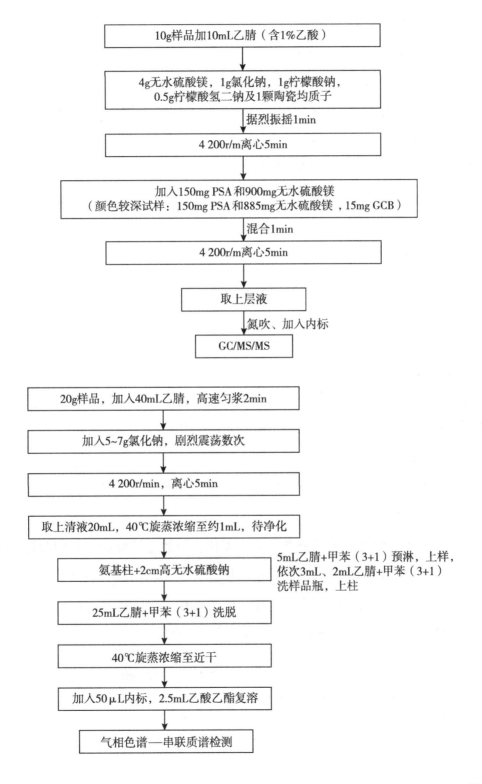

10g样品加10mL乙腈（含1%乙酸）

4g无水硫酸镁，1g氯化钠，1g柠檬酸钠，
0.5g柠檬酸氢二钠及1颗陶瓷均质子

据烈振摇1min

4 200r/m离心5min

加入150mg PSA和900mg无水硫酸镁
（颜色较深试样：150mg PSA和885mg无水硫酸镁，15mg GCB）

混合1min

4 200r/m离心5min

取上层液

氮吹、加入内标

GC/MS/MS

20g样品，加入40mL乙腈，高速匀浆2min

加入5~7g氯化钠，剧烈震荡数次

4 200r/min，离心5min

取上清液20mL，40℃旋蒸浓缩至约1mL，待净化

氨基柱+2cm高无水硫酸钠

5mL乙腈+甲苯（3+1）预淋，上样，
依次3mL、2mL乙腈+甲苯（3+1）
洗样品瓶，上柱

25mL乙腈+甲苯（3+1）洗脱

40℃旋蒸浓缩至近干

加入50μL内标，2.5mL乙酸乙酯复溶

气相色谱—串联质谱检测

7. 仪器参考条件

色谱柱：14%腈丙基苯基-86%二甲基聚硅氧烷石英毛细管柱；30m×0.25mm×0.25μm，或者相当者。

色谱柱温度：60℃保持2min，然后以15℃/min程序升温至150℃，再以6℃/min升温至280℃，保持10min。

载气：氦气，纯度≥99.999%，流速：1.2mL/min。

进样口温度：250℃。

进样量：2μL。

进样方式：不分流进样。

电子轰击源：EI。

离子源温度：230℃。

传输线温度：280℃。

溶剂延迟：5min。

多反应监测：每种农药分别选择一对定量离子、一对定性离子。每组所有需要检测离子对按照出峰顺序，分时段分别检测。

8. 定性测定

保留时间：相同条件下，样品色谱峰保留时间与标准品相比较，相对误差应在±2.5%之内。

定量离子、定性离子及子离子的丰度比：样品色谱峰保留时间与标准品相一致，并且在扣除背景的质谱图中，所选的离子均出现，而且为同一批次检测的样品，对于同一种化合物，样品中的目标化合物的相对离子丰度比与标准品的离子丰度比其允差不超过表4-5规定的范围。

表4-5　定性测定时相对离子丰度的最大允许偏差

相对离子丰度	>50%	20%~50%（含）	10%~20%（含）	≤10%
允许相对偏差	20%	25%	30%	50

9. 定量测定

本标准采用外标法或者内标法定量，为了减小基质对定量测定的影响，定量的标准溶液液采用基质混合标准工作液绘制标准曲线，并且保证测定样品中农药在仪器线性范围内。

10. 结果计算

液相色谱–串联质谱法采用标准曲线法定量，标准曲线法定量结果按以下公式计算。试样中被测农药的残留量以质量分数 X_i 计，单位以毫克每千克（mg/kg）。

试样中各农药残留量以质量分数 ω 计，数值以毫克每千克（mg/kg）表示，内标法按公式（1）计算，外标法按公式（2）计算。

$$\omega = \frac{\rho \times A \times \rho_i \times A_{si} \times V}{A_s \times \rho_{si} \times A_i \times m} \tag{1}$$

$$\omega = \frac{\rho \times A \times V}{A_s \times m} \tag{2}$$

ω：试样中被测物残留量（mg/kg）；

ρ：基质标准工作溶液中被测物的质量浓度（μg/mL）；

A：试样溶液中被测物的色谱峰面积；

A_s：基质标准工作溶液中被测物的色谱峰面积；

ρ_i：试样溶液中内标物的质量浓度（μg/mL）；

ρ_{si}：基质标准工作溶液中内标物的质量浓度（μg/mL）；

A_{si}：基质标准工作溶液中内标物的色谱峰面积；

A_i：试样溶液中内标物的色谱峰面积；

V：试样溶液最终定容体积（mL）；

m：试样溶液所代表试样的质量（g）。

计算结果应扣除空白值，计算结果以重复性条件下获得的两次独立测定结果的算术平均值表示，保留两位有效数字，含量超 1mg/kg 时保留 3 位有效数字。

11. 精密度

在重复性条件下，获得的两次独立测试结果的绝对差值不得超过重复性限（r），参见附录 A。

在再现性条件下，获得的两次独立测试结果的绝对差值不得超过再现性限（R），参见附录 A。

附 录 A

精密度的表示和计算

重复性限（r）要求见表 A.1，再现性限（R）要求见表 A.2。

表 A.1 重复性限（r）

| 序号 | 农药中文名 | 农药英文名 | 重复性限（r） | | | | | |
			a mg/kg	b mg/kg	c mg/kg	d mg/kg	0.1 mg/kg	0.5 mg/kg
			A 组					
6	α-六六六	alpha-BHC	0.002 8	0.002 6	0.003	0.001 2	0.026	0.12
10	联苯菊酯	Bifenthrin	0.003	0.004 9	0.011	0.002 6	0.035	0.12
21	氯氰菊酯	Cypermethrin	0.004 4	0.004 2	0.017	0.003 7	0.05	0.13
23	溴氰菊酯	Deltamethrin	0.004 7	0.002 6	0.018	0.003 9	0.040	0.18
26	敌敌畏	Dichlorvos	0.003 1	0.004 6	0.015	0.004 6	0.029	0.13
28	三氯杀螨醇	Dicofol	0.004 7	0.002 4	0.006	0.005 5	0.059	0.29
29	乐果	Dimethoate	0.004 2	0.007 2	0.012	0.004 1	0.033	0.14
42	倍硫磷	Fenthion	0.004 9	0.003 5	0.016	0.003 9	0.041	0.15
43	氰戊菊酯	Fenvalerate	0.004 1	0.005 6	0.005	0.002 2	0.035	0.17
53	甲基异柳磷	Isofenphos-methyl	0.002 6	0.011 1	0.005	0.001 3	0.024	0.29
56	醚菌酯	Kresoxim-methyl	0.005 2	0.003 4	0.024	0.003 9	0.041	0.14
61	甲胺磷	Methamidophos	0.003 1	0.002 7	0.003	0.001 7	0.026	0.14
72	对硫磷	Parathion	0.003 4	0.006 8	0.007	0.004 0	0.038	0.19
74	氯菊酯	Permethrin	0.004 9	0.005 0	0.014	0.001 2	0.032	0.18
86	哒螨灵	Pyridaben	0.003 9	0.005 0	0.014	0.003	0.039	0.20
96	胺菊酯	Tetramethrin	0.003 1	0.002 5	0.023	0.005 4	0.032	0.18
98	三唑酮	Triadimefon	0.003 1	0.004 0	0.015	0.002 6	0.024	0.12
101	三唑磷	Triazophos	0.003 5	0.004 9	0.015	0.002 9	0.034	0.12
103	乙烯菌核利	Vinclozolin	0.002 8	0.005 2	0.020	0.002 1	0.029	0.13

（续表）

序号	农药中文名	农药英文名	重复性限（r）					
			a mg/kg	b mg/kg	c mg/kg	d mg/kg	0.1 mg/kg	0.5 mg/kg
			B组					
6	β-六六六	beta-BHC	0.003 1	0.004 3	0.003	0.000 9	0.022	0.14
114	联苯	Biphenyl	0.003 3	0.003 4	0.008	0.006 5	0.034	0.15
125	毒死蜱	Chlorpyrifos	0.002 9	0.004 1	0.012	0.002 0	0.029	0.12
129	氟氯氰菊酯	Cyfluthrin	0.004 0	0.007 5	0.015	0.004 7	0.037	0.21
6	δ-六六六	delta-BHC	0.003 9	0.003 4	0.006	0.001 5	0.033	0.14
133	二嗪磷	Diazinon	0.004 0	0.001 6	0.013	0.003 3	0.034	0.16
137	苯醚甲环唑	Difenoconazole	0.003 1	0.005	0.011	0.003 6	0.030	0.15
149	杀螟硫磷	Fenitrothion	0.003 1	0.005 1	0.015	0.005 5	0.028	0.13
151	甲氰菊酯	Fenpropathrin	0.011 0	0.007 7	0.013	0.005 0	0.031	0.12
152	氟虫腈	Fipronil	0.003 1	0.002 4	0.003	0.001 6	0.031	0.14
154	氟氰戊菊酯	Flucythrinate	0.003 3	0.003 4	0.018	0.001 7	0.030	0.19
158	氟胺氰菊酯	Fluvalinate	0.004 6	0.005 3	0.017	0.002 2	0.048	0.18
6	γ-六六六	gamma-BHC	0.003 0	0.001 7	0.015	0.001 7	0.030	0.12
160	异菌脲	Iprodione	0.003 9	0.006 7	0.018	0.001 7	0.036	0.22
162	水胺硫磷	Isocarbophos	0.006 3	0.004 6	0.012	0.003 9	0.050	0.15
165	高效氯氟氰菊酯	lambda-Cyhalothrin	0.003 8	0.005 3	0.010	0.002 5	0.031	0.13
168	马拉硫磷	Malathion	0.003 9	0.003 2	0.019	0.002 3	0.034	0.13
181	甲基对硫磷	Parathion-methyl	0.006 2	0.006 5	0.003	0.002 7	0.032	0.18
182	二甲戊灵	Pendimethalin	0.003 0	0.004 3	0.014	0.002 5	0.034	0.13
184	五氯硝基苯	Pentachloronitrobenz-ene	0.003 4	0.004 4	0.017	0.001 2	0.033	0.17
185	伏杀硫磷	Phosalone	0.003 6	0.006 4	0.013	0.002 6	0.035	0.15
187	亚胺硫磷	Phosmet	0.005 9	0.005 2	0.027	0.006 5	0.049	0.18
190	腐霉利	Procymidone	0.004 2	0.007 2	0.017	0.005 5	0.035	0.22
191	丙溴磷	Profenofos	0.003 5	0.006 1	0.022	0.003 2	0.033	0.17
198	嘧霉胺	Pyrimethanil	0.004 6	0.006 8	0.024	0.001 9	0.052	0.21

注：含量 a 为蔬菜水果食用菌定量限；含量 b 为谷物油料定量限；含量 c 为茶叶香辛料定量限；含量 d 为植物油定量限。

表 A.2 再现性限（*R*）

序号	农药中文名	农药英文名	再现性限（*R*）					
			a	b	c	d	0.1	0.5
			mg/kg	mg/kg	mg/kg	mg/kg	mg/kg	mg/kg
A 组								
6	α-六六六	alpha-BHC	0.0048	0.0038	0.006	0.0039	0.048	0.27
10	联苯菊酯	Bifenthrin	0.0048	0.0088	0.026	0.0074	0.046	0.29
23	溴氰菊酯	Deltamethrin	0.0058	0.0035	0.027	0.007	0.049	0.28
26	敌敌畏	Dichlorvos	0.0077	0.0098	0.032	0.0157	0.075	0.31
29	乐果	Dimethoate	0.0078	0.0123	0.033	0.0067	0.06	0.24
61	甲胺磷	Methamidophos	0.0077	0.005	0.006	0.0033	0.085	0.3
98	三唑酮	Triadimefon	0.0055	0.0091	0.023	0.0055	0.046	0.24
101	三唑磷	Triazophos	0.0053	0.0115	0.024	0.0066	0.043	0.28
B 组								
6	β-六六六	beta-BHC	0.0062	0.0063	0.005	0.0015	0.044	0.24
125	毒死蜱	Chlorpyrifos	0.0069	0.0091	0.018	0.004	0.045	0.34
129	氟氯氰菊酯	Cyfluthrin	0.006	0.0121	0.02	0.0079	0.051	0.29
137	苯醚甲环唑	Difenoconazole	0.0065	0.0116	0.02	0.0073	0.056	0.3
149	杀螟硫磷	Fenitrothion	0.0056	0.0072	0.025	0.0073	0.05	0.31
151	甲氰菊酯	Fenpropathrin	0.0053	0.0103	0.021	0.007	0.05	0.26
152	氟虫腈	Fipronil	0.0062	0.0041	0.005	0.0021	0.075	0.41
165	高效氯氟氰菊酯	lambda-Cyhalothrin	0.0069	0.0107	0.022	0.0067	0.052	0.32
182	二甲戊灵	Pendimethalin	0.0048	0.0076	0.028	0.0069	0.046	0.24
185	伏杀硫磷	Phosalone	0.0053	0.0086	0.025	0.0089	0.048	0.29

12. 色谱图

农药的总离子流图，见图 4-14。

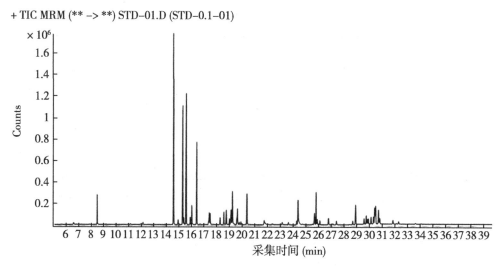

图 4-14　农药的总离子流图

第四节　总　　结

农药残留分析在多年的发展中，现已逐渐形成相对较成熟的完整体系，在检测方法的相关标准、检测体系等方面逐渐完善。随着高效农药的开发，检测技术的不断发展、理念不断优化，对检测技术、农药残留分析技术的特异性、灵敏度等方面有着严格的要求，农药残留检测技术研究发展在保障食品安全中具有重要意义。

一、检测过程中的质量控制

首先做试剂空白，空白值过高应检查试剂是否有问题或器皿被污染。每批次检测时应通过加标回收率或测定标准物质进行质量控制。农药残留检测每测定 10 个样品进一个标准溶液，每测定 24 个样品做一个添加回收率。如发现回收率超过 70%～130% 的范围时，该批次样品要重做。

（1）质控样加标时，尽量使用混标进行添加，避免添加溶剂量太大对结果造成影响。

（2）如检测的农药种类较多时，不必添加所有农药，可以选择几个有代表性的农药进行质控，可根据农药的理化性质进行选择，如乐果、甲拌磷等属于水溶性农药，六六六、滴滴涕等属于脂溶性农药，甲胺磷、氧化乐果等属于易吸附农药。

（3）选择进行质控的基质要有代表性，不能只是选取黄瓜、菜豆等干扰较少的基质作为质控样。

（4）农药残留检测对超标或接近限量值的样品，应重新称样进行测定，并使用极性不同的柱子或不同检测器进行确认。经复测后仍超标的样品，用气质或液质联用仪进行定性检测。

（5）标准溶液应现用现配，放置一段时间后浓度有所改变，每次再用时应与以前的图谱进行比较，检查峰面积是否有较大的变化。

（6）标准溶液进样浓度不宜过大，较低的浓度可以很好地监控仪器、柱子的污染情况，可以有效地避免仪器污染给检测结果带来的影响。

二、操作过程中的技术要点

1. 称量

（1）样品称量时应注意有代表性，尽量使用较大的称量勺，减少样品间的差异。

（2）样品称量时应充分搅匀。

（3）称量时应尽量使用开口比较大的容器，避免样品粘到容器壁上。

（4）天平的使用。调平，放到中央，稳定后再读数。

2. 提取

（1）一般操作是样本加提取剂后高速捣碎，使溶剂与微细试样反复紧密接触、萃取，从而提取出检测成分的方法。

（2）残留分析试样中农药含量甚微，提取效率的高低直接影响结果的准确性，要保证提取充分。

匀浆机的使用：刀头的高度、匀浆的转速 15 000 r/min、匀浆的时间

（1+1min）。既要保证样品充分提取，又不能让提取液飞溅出来。

提取完成后要注意对匀浆机的清洗顺序（先丙酮后再用水）。

3. 净化

旋转蒸发器：其特点是可以边减压边旋转，故温度变化不大时，热量传递较快，使蒸馏能快而平稳地进行，而不发生暴沸；在使用中还可根据浓缩液体积，更换各种容量（10~1 000mL）的烧瓶。旋转蒸发器的特点是浓缩速度快，且回收率高。

气流吹蒸浓缩装置：利用空气或氮气流吹带出溶剂的浓缩方法，适用于体积小、易挥发的提取液，但对于蒸汽压较高的农药就比较容易损失。

使用有机溶剂提取样本中的农药时，试样中的油脂、蜡质、蛋白质、叶绿素及其他色素、胺类、酚类、有机酸类、糖类等会同农药一起被提取出来，提取液中既有农药又有许多干扰物质，这些物质亦称共提物，会严重干扰残留量的测定。故必须将农药与上述杂质进行分离，然后才能对痕量农药进行分析测定。这一操作步骤就是所谓净化。

净化的要求与方法在很大程度上取决于农药和样本的性质、最终检测方法、对分析时间和对分析结果准确度的要求。在 NY/T 761—2008 蔬菜和水果中有机磷、有机氯、拟除虫菊酯和氨基甲酸酯类农药多残留的测定的中火焰光度检测器测定有机磷农药时，不需复杂的净化步骤。这是因为火焰光度检测器（FPD）对含磷、含硫化合物有高选择型、高灵敏度的检测器。试样在富氢火焰燃烧时，含磷有机化合物主要是以 HPO 碎片的形式发射出波长为 526nm 的光，含硫化合物则以 S_2 分子的形式发射出波长为 394nm 的特征光。光电倍增管将光信号转换成电信号，经微电流放大记录下来。此类检测器的灵敏度可达几十到几百库仑/克（C/g），火焰光度检测器的检出限可达 10^{-12}g/s（对 P）或 10^{-11}g/s（对 S）。同时，这种检测器对有机磷、有机硫的响应值与碳氢化合物的响应值之比可达 10^4，因此可排除大量溶剂峰及烃类的干扰，非常有利于痕量磷、硫的分析，是检测有机磷农药和含硫污染物的主要工具，在选择方面具有专一性。

使用抗干扰能力差的电子捕获检测器（ECD）测定有机氯或菊酯类农药和使用氮磷检测器时，对净化要求必须严格，否则杂质会影响测定结果，还可能污染检测器。这是因为电子捕获检测器（ECD）作为一种离子化检测器，它是一个有选择性地高灵敏度的检测器，它只对具有电负性的物质，如含卤素、硫、磷、氮的物质有信号，物质的电负性越强，也就是电子吸收系数越大，检测器的灵敏度越高，而对电中性（无电负性）的物质，如烷烃等则无信号。试样中除待测的具有电负性的农药外，还可能具有其他的电负性物质，由于此范围较广，所以电子捕获检测器的专一性较火焰光度检测器较差，检测时，需将试样严格净化。在本方法中净化过程中使用的为固相萃取柱（Florisil），除碳水化合物、甘油三酸酯、自由脂肪酸、生物碱、黄酮、氨基酸、强性甙、醌类、甾体化合物。

固相萃取的步骤如下。

（1）柱子预处理（固定相活化）。活化的目的是创造一个与样品溶剂相容的环境并去除柱内所有杂质。通常需要两种溶剂来完成上述任务，第一个溶剂（初溶剂）用于净化固定相，第二个溶剂（终溶剂）用于建立一个合适的固定相环境使样品分析物得到适当的保留。

> 注意：终溶剂不应强于样品溶剂，若使用太强的溶剂，将降低回收率。另外，在活化的过程中和结束时，固定相都不能抽干，因为这将导致填料床出现裂缝，从而得到低的回收率和重现性，样品也没得到应有的净化。如果在活化步骤中出现干裂，所有活化步骤都得重复。

（2）上样。上样步骤指样品加入到固相萃取柱并迫使样品溶剂通过固定相的过程，这时分析物和一批样品干扰物保留在固定相上。

为了保留分析物，溶解样品的溶剂必须较弱。如果溶剂太强，分析物将不被保留，结果回收率将会很低，这一现象叫穿漏。尽可能使用最弱的样品溶剂，可以使溶质得到最强的保留或者形成最窄的谱带。

（3）淋洗。分析物得到保留后，通常需要淋洗固定相以洗掉不需要的样品组分，淋洗溶剂的洗脱强度略强于或等于上样溶剂。淋洗溶剂必须尽量地弱，以洗脱尽量多的干扰组分。

> 注意：淋洗时不宜使用太强溶剂，否则会将强保留杂质洗下来。使用太弱溶剂，会使淋洗体积加大。可改为强、弱溶剂混用；但混用或前后使用的溶剂必须互溶。

（4）洗脱。淋洗过后，将分析物从固定相上洗脱。溶剂必须进行认真选择，溶剂太强，一些更强保留的不必要组分将被洗出来；溶剂太弱就需要更多的洗脱液来洗出分析物，这样固相萃取柱的浓缩功效就会削弱（表4-6）。

表4-6　不同的填料的固相萃取柱

分类	代表	除杂类型	基质类型	农药类型
非极性	C2-C18	除脂及甾体化合物，挥发油，油脂	水/蔬菜水果/谷物/动物组织/生物样品	所有
极性	硅胶 Florisil NH2/PSA 聚酰胺/氧化铝	除碳水化合物、甘油三酸酯、自由脂肪酸、生物碱、黄酮、氨基酸、强性贰、醌类、甾体化合物	蔬菜水果/豆类/动物组织	所有
离子交换性	阳：胺类/嘧啶类 阴：磺酸/羧酸	无电荷转移	动物组织/生物样品	有电荷转移
吸附性	活性炭，石墨炭黑	极性基团多、芳香基团多和分子量大的一些色素类、胡萝卜素、固醇	蔬菜水果	除平面性分子以外

①一般菜样：如白菜、甘蓝、黄瓜、萝卜等，可根据需要选用 C18 柱、Florisil 柱、NH$_2$ 柱等净化。

②深色样品：如菠菜、菜心、青椒和胡萝卜，含色素多，可用石墨炭黑柱去除色素。

③茶叶：含咖啡因多，用 Si 小柱净化可较好地去除。

④大豆、花生：含油脂多，净化时用 SAX、PSA 小柱去脂，有条件也可采用 GPC 进行净化。

⑤高糖高盐样品：如葡萄干、梅脯、腌黄瓜等可采用硅藻土柱助滤。

第五章　霉菌毒素检测技术

第一节　概　　述

一、霉菌毒素

霉菌是真菌的一种，具有较发达的菌丝体，无较大的子实体。同多数真菌一样，也有细胞壁，寄生或腐生。有些霉菌使食品转变为有毒物质，有的可能在食品中产生毒素，即霉菌毒素。自从发现黄曲霉毒素以来，霉菌与霉菌毒素对食品的污染日益引起重视。对人体健康造成的危害极大，主要表现为慢性中毒、致癌、致畸、致突变作用。

霉菌是形成分枝菌丝的真菌的统称，不是分类学的名词，在分类上属于真菌门的各个亚门。构成霉菌体的基本单位称为菌丝，呈长管状，宽度 $2\sim10\mu m$，可不断自前端生长并分枝。无隔或有隔，具 1 至多个细胞核。细胞壁分为 3 层：外层是无定形的 β-葡聚糖（87nm）；中层是糖蛋白，蛋白质网中间填充葡聚糖（49nm）；内层是几丁质微纤维，夹杂无定形蛋白质（20nm）。在固体基质上生长时，部分菌丝深入基质吸收养料，称为基质菌丝或营养菌丝；向空中伸展的称气生菌丝，可进一步发育为繁殖菌丝，产生孢子。大量菌丝交织成绒毛状、絮状或网状等，称为菌丝体。菌丝体常呈白色、褐色、灰色，或呈鲜艳的颜色（菌落为白色毛状的是毛霉，绿色的为青霉，黄色的为黄曲霉），有的可产生色素使基质着色。霉菌繁殖迅速，常造成食品、用具大量霉腐变质，但许多有益种类已被广泛应用，是人类实践活动中最早利用和认识的一类微生物（图 5-1）。

图 5-1　霉菌的菌丝体及其在基质上的表现

　　霉菌的菌丝是构成霉菌营养体的基本单位。菌丝是一种管状的细丝，把它放在显微镜下观察，很像一根透明胶管，它的直径一般为 $3\sim10\mu m$，比细菌和放线菌的细胞粗几倍到几十倍。菌丝可伸长并产生分枝，许多分枝的菌丝相互交织在一起，就叫菌丝体。

　　根据菌丝中是否存在隔膜，可把霉菌菌丝分成两种类型：无隔膜菌丝和有隔膜菌丝。无隔膜菌丝中无隔膜，整团菌丝体就是一个单细胞，其中含有多个细胞核。这是低等真菌所具有的菌丝类型。有隔膜菌丝中有隔膜，被隔膜隔开的一段菌丝就是一个细胞，菌丝体由很多个细胞组成，每个细胞内有1个或多个细胞核。在隔膜上有 1 至多个小孔，使细胞之间的细胞质和营养物质可以相互沟通。这是高等真菌所具有的菌丝类型。

二、霉菌毒素种类

　　霉菌是丝状真菌的俗称，霉菌毒素是农产品上的丝状真菌生长繁殖过程中产生的代谢产物，目前发现的霉菌毒素已经有 300 多种。真菌毒素（Myco-toxin 一词源于希腊语 "Mykes" 和拉丁语 "Toxicum"），霉菌毒素按其产生毒素的菌种不同可分为曲霉菌毒素，如黄曲霉毒素（Aflatoxin）、赭曲霉毒素（Ochratoxin）等；青霉菌毒素，如橘霉素（Citrinin）等；麦角菌毒素和镰刀菌毒素，如玉米赤霉烯酮（Zearalenone）、呕吐毒素（Deoxynivalenol）等代谢产物。霉菌毒素按其产生毒素的菌种不同可分为曲霉菌毒素，如黄曲霉毒素（Aflatoxin）、赭曲霉毒素（Ochratoxin）等；青霉菌毒素，如橘霉素（Citrinin）等；麦角菌毒素和镰刀菌毒素，如玉米赤霉烯酮（Zearalenone）、呕吐毒素（Deoxynivalenol）等。按生活环境还可分为田间毒素和仓储毒素两类，田间毒素由田间产生的霉菌产生，包括萎蔫酸（Fusaric Acid）、玉米赤霉烯酮、伏马毒素（Fumonisin）、单端孢霉烯族毒素、呕吐毒素等；仓储毒素主要由仓储霉菌产生，包括黄曲霉毒素、青霉菌毒素（Penicillium Toxin）等。

霉菌毒素在自然界中存在非常广泛，在土壤、植物体中都有霉菌毒素被检出。霉菌对食品的污染在世界范围内也是普遍存在的。黄曲霉毒素主要污染花生、玉米、大米、豆类、小麦、坚果等，其中以花生、玉米污染最为严重，同时通过食物链可间接污染肉类、乳及乳制品；赭曲霉毒素是由多种生长在粮食、花生、蔬菜等农作物上的曲霉和青霉产生的；玉米赤霉烯酮主要存在于玉米、小麦、大米、大麦、燕麦和小米等谷物中；伏马菌素主要污染玉米及玉米制品；T-2 毒素是常见的田间作物和库存谷物中的主要毒素；许多粮食作物如大麦、玉米，小麦等易被杂色曲霉毒素污染；呕吐毒素主要污染小麦、大麦、玉米等谷类作物，也可污染粮食制品；展青霉常在水果或水果制品中被检出。霉菌毒素（Mycotoxin）是指霉菌在其所污染的谷物或饲料中所产生的有毒次级代谢产物。饲料或原料中霉菌毒素对畜禽养殖业及饲料工业的发展造成严重影响，目前已知的霉菌毒素有 300 多种，其中对人和动物危害相对严重的有黄曲霉毒素 B1（AFB1）、呕吐毒素（DON）、玉米赤霉烯酮（ZEN）。因此霉菌毒素的污染及其对畜禽的危害已是不容忽视的问题

（表5-1）。

表5-1　霉菌毒素的污染及其危害

霉菌毒素	危害
黄曲霉毒素	靶器官是肝脏，致使肝脂肪变性、全身性出血，消化机能障碍和神经系统紊乱
玉米赤霉烯酮	相关性激素代谢紊乱
赭曲霉毒素A	肾脏是第一靶器官，肾小管变性和机能损伤
呕吐毒素	以呕吐、消化道损伤为特征
T-2毒素	细胞毒性，使免疫细胞功能下降，引起贫血、呼吸道损伤和细胞病变等

（一）黄曲霉毒素

1. 结构性质

黄曲霉毒素的基本结构由一个二呋喃环和一个氧杂萘邻酮（即香豆素）组成。虽然它的化学性质很稳定，但在高温或碱性条件下也可被分解。AFT属于储藏霉菌毒素，是一种极强的致癌性物质，是目前发现的存在于自然界中的具有最稳定理化性质的真菌毒素，国际癌症研究机构（IARC）将其划分为I类致癌物。它是由曲霉属真菌（主要包括黄曲霉及寄生曲霉，寄生曲霉在我国见得比较少）产生的次级活性代谢产物，在花生、玉米等粮食作物及其制品中普遍存在，对人畜健康的危害及潜在威胁极大。毒素在紫外光照射下产生荧光颜色的不同，可将黄曲霉毒素分为B族和G族两大类及其衍生物。B族黄曲霉毒素在紫外光照射下发出蓝色荧光。G族毒素发出绿色荧光。最常见的黄曲霉毒素有AFB$_1$、AFB$_2$、AFG$_1$、AFG$_2$、AFM$_1$、AFM$_2$。其中，AFB$_1$、AFB$_2$、AFM$_1$、AFM$_2$是动物代谢产物，常见于动物组织和体液中，如牛奶、尿液。黄曲霉中有50%的菌株可以产生黄曲霉毒素，而几乎所有的寄生曲霉均可产生B族和G族黄曲霉毒素（图5-2）。

黄曲霉毒素的基本结构为二呋喃环和香豆素，B$_1$是二氢呋喃氧杂萘邻酮的衍生物，即含有一个双呋喃环和一个氧杂萘邻酮（香豆素）（图5-3、表5-2）。前者为基本毒性结构，后者与致癌有关。黄曲霉毒素M$_1$是黄曲霉毒素B$_1$在体

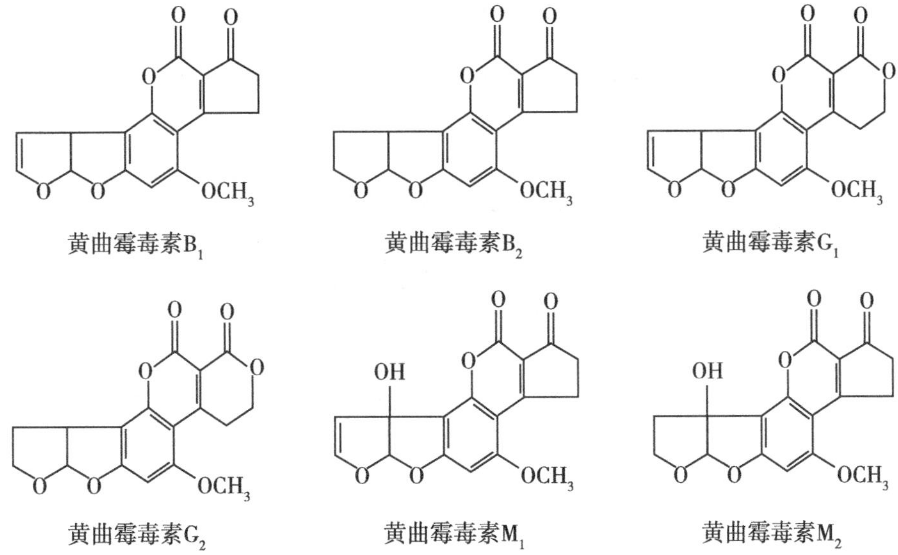

黄曲霉毒素B$_1$　　　　黄曲霉毒素B$_2$　　　　黄曲霉毒素G$_1$

黄曲霉毒素G$_2$　　　　黄曲霉毒素M$_1$　　　　黄曲霉毒素M$_2$

图 5-2　黄曲霉毒素基本结构

内经过衍化而衍生成的代谢产物，与致癌性有关。

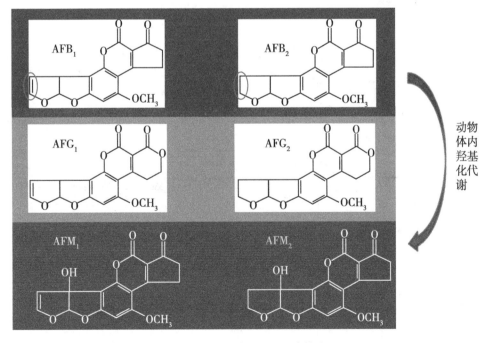

图 5-3　双呋喃环和香豆素构成

　　黄曲霉毒素的分子量为312~346。难溶于水，易溶于甲醇、丙酮和氯仿等有机溶剂，但不溶于石油醚、己烷和乙醚。黄曲霉毒素在一系列初级农产品和加工产品中均可存在。

表 5-2　黄曲霉毒素的结构性质

种类	结构式	分子式	分子量	熔点（℃）	旋光度
AFB$_1$		$C_{17}H_{12}O_6$	312	268~269	−599°
AFB$_2$		$C_{17}H_{14}O_6$	314	286~289；306~309	−492°
AFG$_2$		$C_{17}H_{12}O_7$	328	244~246	−556°
AFG$_2$		$C_{17}H_{14}O_7$	330	237~240	−473°
AFM$_1$		$C_{17}H_{12}O_7$	328	299	−280°

（续表）

种类	结构式	分子式	分子量	熔点（℃）	旋光度
AFM$_2$		$C_{17}H_{14}O_7$	330	293	

黄曲霉毒素主要是由黄曲霉菌（Aspergillus flavus）、寄生曲霉菌（Aspergillus parasiticus）等多种真菌侵染敏感性寄主产生的一类具有生物活性的有毒次生代谢产物，其适宜条件为：温度 24～35℃，含水量超过 7%（通风条件下10%）。黄曲霉毒素污染涉及的产品种类多，大量调查研究资料表明，在花生、玉米、大米、豆类、棉籽、坚果类、茶叶、中草药、调料品等农产品和食品中均有检出，其中以花生、玉米污染最严重；黄曲霉毒素污染分布的地理范围广，在 40°N～40°S，农作物在生长、收获、贮藏、加工、运输等各个环节遇到适宜的环境条件，都有可能发生黄曲霉毒素污染。

黄曲霉毒素是一组结构类似的二呋喃香豆素衍生物，基本结构为 1 个二呋喃环和 1 个氧杂萘邻酮。黄曲霉毒素微溶于水，温度敏感性差，酸性条件下稳定，碱性条件易降解，但反应可逆，因此，黄曲霉毒素污染一旦发生，将很难去除。自然界中至少存在 14 种不同类型的黄曲霉毒素，常见的有黄曲霉毒素 B$_1$（AFB$_1$）、黄曲霉毒素 B$_2$（AFB$_2$）、黄曲霉毒素 G$_1$（AFG$_1$）、黄曲霉毒素 G$_2$（AFG$_2$）和黄曲霉毒素 M$_1$（AFM$_1$）等。1993 年和 2002 年 IARC 研究报告指出，黄曲霉毒素对人体有明确的致癌性，可引起急慢性中毒甚至死亡，诱导畸形，降低人体或动物的免疫力，造成营养紊乱等，被划定为 I 类致癌物。

在花生、玉米、小麦、大豆、稻谷和核桃等坚果中和食用油，牛奶及奶制品中经常能发现黄曲霉毒素。尤其是在热带及亚热带地区，因为气候湿热，食物容易发霉，食品中黄曲霉的检出率也较高，根据对食品的摄入情况，各国对黄曲霉毒素均做了限量标准。

2. 毒理学

黄曲霉毒素主要靶器官为肝脏，毒性是氰化钾的 10 倍、砒霜的 68 倍，国际癌症研究机构（IARC）将黄曲霉毒素列为 I 类致癌物，其中 AFB_1 是被公认的到目前为止致癌力最强的天然物之一。

AFB_1 本身不致癌，其在体内生物活化过程是其致癌的必要条件。AFB_1 进入机体后通过与细胞色素 P450 氧化酶、谷胱甘肽转硫酶和水解酶的作用，形成 AFB_1-7N-鸟嘌呤（AFB_1-7N-GUA）和 AFB_1-白蛋白加合物（AFB_1-ALB）等代谢产物，它们是靶分子受损后的直接产物或替代产物，可作为致肝癌的生物标志物。反映人体对 AFT 暴露、代谢、解毒过程的生物标志物的出现，极大推动了以提高黄曲霉毒素暴露评估精度为目标的分子流行病学研究的发展，为证明 AFB_1 的致癌性提供了更充足的分子流行病学证据。

（二）呕吐毒素

1. 结构性质

呕吐毒素主要成分为 DON（脱氧雪腐镰刀菌烯醇），是由禾谷镰刀菌（*F. graminearum*）和黄色镰刀菌（*F. culmorum*）产生的次级代谢产物，属于 B 型单端孢霉烯族化合物。它广泛存在于玉米、高粱、小麦等农作物中，对人体健康有较大危害。呕吐毒素的产生通常是由于长时间的湿冷和其他一些因素共同作用所导致的，如谷物的水分含量、病虫害、温度、微生物间的相互作用等，因它可以引起猪的呕吐而得名，对人体有一定的危害作用，欧盟分类标准为三级致癌物。

呕吐毒素的毒性效应包括呕吐、肠胃肠炎、腹泻免疫抑制和血液病。脱氧雪腐镰刀菌烯醇主要是由镰刀菌的某些种属产生的化学结构和生物活性相似的有毒代谢物，是单端孢霉烯族化合物中的一种。

DON 主要产生菌是禾谷镰刀菌。据报道，也有其他一些镰刀菌可以产生 DON，另外，头孢菌属、漆斑菌属、木霉菌属，都可以产生该毒素。单端孢霉烯族毒素共有 150 多种，具有较强的免疫抑制性，典型症状是采食量降低，因此，这类毒素又叫饲料拒绝毒素。呕吐毒素 DON 是其中最重要的一种毒素。该毒素最早于 1970 年在日本相川县发现，1972 年在日本首次从赤霉病大麦中分离得到，1973 年美国从镰刀菌污染的玉米中分离得到了同样的物质。因该物质引起猪呕吐，故命名为呕吐毒素。呕吐毒素是食品中常见的真菌毒素，在自然界广泛存在。

呕吐毒素相对分子质量为 296.3，无色针状晶体，可溶于水和极性溶剂，120℃时稳定，在酸性条件下不被破坏（图 5-4）。这种毒素易溶于水、乙醇及甲醇等溶剂，化学性质稳定，具有较强的耐热性及耐酸性，在碱性条件下毒性降低。在食品加工中，烘焙温度 210℃，油煎温度 140℃或煮沸只能破坏 50% 的毒素；碱性环境、高压以及蒸煮等处理可以破坏部分毒性；有研究表明，在高压热蒸汽作用下可以使其完全失活。当 pH 值为 4 时，呕吐毒素在 100℃ 和 120℃ 下加热 60min，化学结构均不被破坏，170℃ 加热 60min，少量破坏；pH 值为 7，100℃ 或 120℃ 下，加热 60min，仍很稳定，170℃ 加热 15min，部分被破坏；pH 值为 10，100℃ 下加热 60min，毒性不被破坏，120℃ 加热 30min 或 170℃ 下加热 15min 才可以使其完全被破坏。呕吐毒素在甲醇中不稳定，22 天后被转化为其他物质。呕吐毒素属于小分子半抗原，具有免疫反应性无免疫原性。只有将其与大分子载体蛋白偶联，才能成为人工抗原。

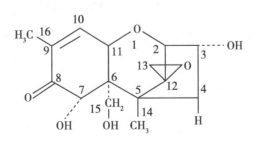

图 5-4 呕吐毒素分子式

2. 毒理学

粮食中的呕吐毒素主要是作物在生长阶段或者谷物在存放过程中受到禾谷镰刀菌等真菌感染进而代谢产生的一种单端孢霉烯族毒素，具有很强的毒性，可引起家畜拒食、呕吐、生长延迟、生殖紊乱等症状以及引起人类免疫抑制、贫血、头痛、呕吐、厌食和腹痛等症状，危害极大。我国现行食品安全国家标准对粮食中呕吐毒素含量有严格的限定。

（三）玉米赤霉烯酮

1. 理化性质

玉米赤霉烯酮是由镰刀菌如禾谷镰刀菌和粉红镰刀菌通过聚酮途径合成的次级代谢产物，是一种非甾醇类真菌毒素，于1962年首次分离得到（图5-5）。玉米赤霉烯酮醇品为白色晶体，是二羟基苯甲酸内酯化类化合物。化学性质稳定，只能在碱性条件下打开，碱浓度降低时恢复，难溶于水，在碱性水溶液及醇类等有机溶剂中溶解度较高，溶于甲醇后在紫外灯下呈现蓝绿色。

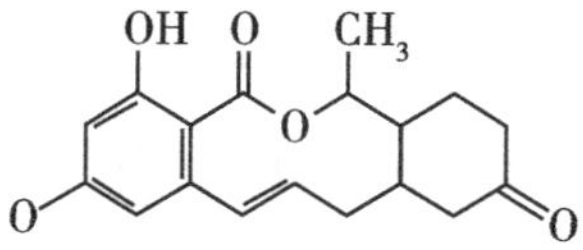

图5-5 玉米赤霉烯酮分子式

玉米赤霉烯酮为雌性激素类似物。急性毒性很低，主要作用于生殖系统，具有生殖毒性，可造成生殖激素系统紊乱，严重影响动物生殖机能。玉米赤霉烯酮具有潜在的致癌性，对肝脏也具有很强的损害作用，还具有抑制DNA合成和导致染色体异常等作用。

2. 玉米赤霉烯酮毒性及代谢

玉米赤霉烯酮能导致机体脂质过氧化DNA断裂，使DNA结构受损，阻碍蛋白质、DNA的合成和扰乱细胞分裂周期，抑制DNA复制，抑制细胞增殖，导致细胞死亡。玉米赤霉烯酮经口摄入后，在动物胃肠道被迅速吸收并代谢，其主要代谢场所为肝脏及小肠。玉米赤霉烯酮的主要代谢途径包括两步：第一步是还原反应，主要由 3α-和 3β-羟化类固醇脱氢酶催化。首先玉米赤霉烯酮 C7 位上的酮基被还原形成 α-或 β-玉米赤霉烯醇，随后 C11-C12 位双键被还原，进一步生成 α-或 β-玉米赤霉醇（ZAL）。因此，ZEN 在体内代谢后会有 5 种形式存在：ZEN、α-ZEL、β-ZEL、α-ZAL 及 β-ZAL。第二步是与葡萄糖醛酸结合。玉米赤霉烯酮及其代谢产物与尿苷二磷酸葡萄糖醛酸基转移酶反应，生成代谢产物，随尿液或胆汁排泄。ZEN 和代谢产物大多通过粪便和尿液排出，也可通过乳汁排泄。玉米赤霉烯酮在不同动物体内的代谢存在明显差异，猪是对 ZEN 最敏感的动物，给猪单一口服剂量为10mg/kg 的 ZEN 时，其吸收率可达 80%～85%，猪摄食 ZEN 后在肝脏中可以检测到大量的 α-ZEL、少量的 β-ZEL 及未经转化的 ZEN，在肌肉组织中存在大量的 α-ZEL 及微量 ZEN，经研究 ZEN 及其代谢产物的雌激素活性排序如下：α-ZEL>α-ZAL>ZEN>β-ZEL，这也正解释了猪对 ZEN 敏感的原因；ZEN 在猪胃肠道内通过肠上皮细胞代谢，主要代谢产物为 α-ZEL 和 β-ZEL，被糖脂化后排泄；ZEN 在猪血液里的半衰期为 87h，进行胆管结扎后能够终止肠肝循环，可使 ZEN 半衰期降低至 3h，从而证明在猪体内，ZEN 经糖脂化的代谢产物能够通过胆汁排出体外，也能够被重新吸收后进入 ZEN 肠肝循环，从而导致 ZEN 在猪体内的半衰期延长。母乳牛喂饲受 ZEN 污染的饲料后，在肝脏中只能检测到少量的 α-ZEL、β-ZEL 和 ZEN，对摄入 ZEN 的吸收率较低；肉鸡摄取受 ZEN 污染饲料后，在肌肉和肝脏中只检测到了 ZEN，未发现代谢产物。ZEN 还可被单胃动物大肠以及反刍动物瘤胃中微生物降解，究其原因可能与微生物分泌的乳汁水解酶有关，这种酶偏碱性环境下可以将 ZEN 转化为不具有雌激素作用的产物。随着饲养及环境的改变，微生物的种类也会改变，其代谢 ZEN 的能力也随之改变。

（四）伏马毒素

1. 理化性质

伏马毒素是由不同多氢醇和丙三羧酸组成的，具有类似结构的双酯化合物（图 5-6），为串珠镰刀菌产生的次级代谢产物。常见于粮食和饲料中，已发现的伏马毒素主要分为 ABCD 4 种。其中以 FB_1 毒性最强且最为常见。1988年 FB_1 首次从玉米中分离得到。产品为白色粉末，在水甲醇和已经溶液中溶解度较高，但在甲醇中易发生降解。25℃条件下，在已经水中可保存 6 个月。FB_1 具有热稳定性。

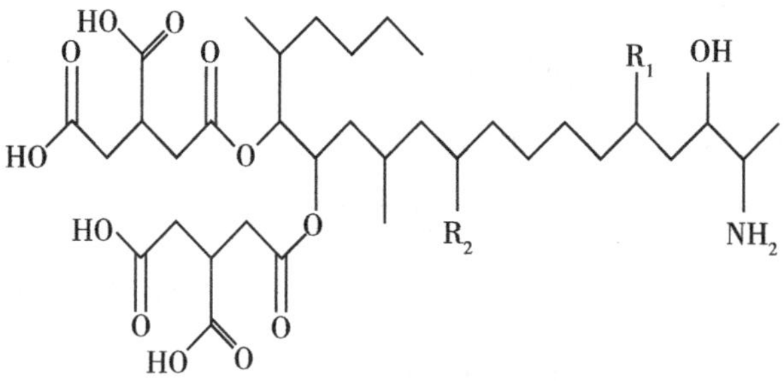

图 5-6 伏马毒素分子式

2. 伏马毒素毒性

伏马毒素对动物的危害很大，可对动物的免疫系统造成损害，产生神经毒性、肺毒性、免疫抑制、致癌等作用。FB_1 可对动物的生长性能、血液和血清生化造成影响。被怀疑可诱发人类食道癌，具有肝脏和肾脏毒性。致癌性可能是通过破坏动物的神经脂代谢，发生酯质过氧化反应是细胞受损害，抑制正常细胞分化损害，抑制 DNA 复制，诱导细胞凋亡。伏马毒素的靶器官主要是动物的心脏、肝脏、肺脏、肾脏等器官，使其产生病变。

（五）T-2 毒素

1968 年，Bamburg 培养得到 T-2 毒素结晶，通过纯培养被霉菌污染的玉米中的三线镰刀菌，得到了毒素，并通过结晶获得了结晶毒素。1973 年，Uemo 发现并非只有镰刀菌可以产生毒素，其他很多菌也可以产生毒素，如拟黄色镰刀菌、枝孢镰刀菌、燕麦镰刀菌、梨孢镰刀菌、粉红镰刀菌、尖抱镰刀菌都可以产生毒素。1985 年，我国匡开源也分离到一株产生 T-2 毒素的菌，为梨孢镰刀菌。

1. T-2毒素理化性质

T-2毒素属于A类单端孢霉烯族化合物（trichothecenes，TS），具有四环倍半萜烯结构，T-2毒素［4β，15-二乙酰氧基-3α-羟基-8α-（3-异戊酰氧基）-12，13-环氧单端孢霉-9-烯］相对分子质量为466.22，双键、环氧环、烷基侧链基团是活性部位。毒素纯品为针状结晶状，呈白色，难溶于水，易溶于有机溶剂，不易挥发，室温条件较稳定，可存放数年，在加压、加热、中性或酸性环境、紫外线照射均不能降低毒性或使其降解。鉴于T-2毒素的酯基结构，其能够在碱性条件下水解生成相应的醇，且可与次氯酸钠反应而丧失毒性。在肝微粒体酶作用下，T-2毒素可脱乙酰转化成毒性较低的HT-2，并最终形成几乎无毒的T-2醇。T-2毒素的环氧基能够和四氢钾铝或氢硼化钠发生还原反应成醇，当环氧结构被破坏，毒性基本消失。

2. T-2毒素毒理学

T-2毒素对人和动物的消化系统、神经系统、生殖发育等都存在毒性作用，具有致畸性和致癌性。此外，T-2还会增加食物中毒、大骨病、脱氧核糖核酸（DNA）损伤的概率并诱导细胞凋亡，镰刀菌群侵染性强，对田间作物和贮藏加工过程中的谷物，如小麦、玉米、大麦、燕麦等粮食作物及其制品的易侵染性，菌群释放的T-2毒素在自然界广泛存在，通过生物体和食物链中的富集作用，进而直接或间接污染植物源与动物源食物，对畜禽以及人体健康造成严重危害。

T-2毒素具有急性毒性。通过不同的接触途径人和动物都会感染T-2毒素，主要表现为食欲不振、流涎、呕吐、体重下降等。动物年龄、种类、给药途径以及剂量会影响T-2的毒性水平，婴儿比成人对T-2毒素更敏感。

T-2毒素具有慢性毒性，主要表现为白细胞量的降低，骨髓和淋巴组织坏死、溶解，外周血植细胞减少和淋巴细胞严重缺乏。

T-2毒素具有血液系统毒性。T-2毒素可引起骨髓坏死，抑制造血肝细胞，使小鼠血小板和白细胞减少，伤口凝血能力减弱，血细胞凋亡和骨髓坏死，抗感染能力下降，在低蛋白营养状况下表现更为明显，严重时还会导致败血病。

　　T-2 毒素可以使细胞凋亡，它是一种抑制剂，抑制蛋白质合成，通过抑制蛋白质在多聚核糖体上合成的起始阶段，诱导具有高增殖活性的细胞产生凋亡。此外，T-2 毒素还会抑制 DNA 和 RNA 的合成，干扰磷脂的新陈代谢，并增加肝脏脂质过氧化物的水平。

　　以下是在美国的常见样品类型及限量标准。

USA 美国

Mycotoxin 霉菌毒素	Commodity 样品类型	Limit 限量 （μg/kg）
Aflatoxin B_1，B_2，G_1，G_2 黄曲霉毒素	Corn & peanut products intended for finishing beef cattle 肥育肉牛食用的玉米花生类产品 Cottonseed meal intended for beef cattle, swine or poultry 肉牛、猪或家禽食用的棉籽粉	300
	Corn or peanut products intended for finishing swine of 100lb or greater. 100 磅或更重的肥育猪食用的玉米或花生产品	200
	Corn & peanut products intended for breeding beef cattle, breeding swine or mature poultry 种肉牛、种猪及成熟家禽食用的玉米或花生类产品	100
	Corn, peanut products & other animal feeds & feed ingredients, excluding cottonseed meal, intended for immature animals 未成熟的动物所食用的玉米、花生类产品或其他动物饲料及饲料成分，包括棉籽粉	20
	Corn, corn products, cottonseed meal & other animal feeds & feed ingredients intendedfor dairy animals, for animal immature animals 未成熟的动物及产奶的动物所食用的玉米、花生类产品或其他动物饲料及饲料成分，包括棉籽粉	20
Ochratoxin 赭曲霉素	N. A. 无	
Fumonisin 伏马毒素 B_1，B_2，B_3	Corn & corn byproducts intended for equids and rabbits 马科动物及兔子所吃的玉米及玉米的副产物	5 000
	Corn & corn byproducts intended for swine & catfish 猪、鲶鱼食用的玉米及玉米副产物	20 000
	Corn & corn byproducts intended for breeding ruminants, bredding poultry & breeding mink（includes lactating dairy cattle & hens laying hens for human consumption） 配种用的反刍动物、家禽及貂（包括哺乳的奶牛、母鸡及产蛋的鸡）所食用的玉米及玉米副产物	30 000

（续表）

Mycotoxin 霉菌毒素	Commodity 样品类型	Limit 限量 （μg/kg）
	Ruminants > 3 months old being raised for slaughter & mink being raised for pelt production 大于 3 个月的反刍动物	60 000
	Poultry being raised for slaughter 家禽	100 000
	All other species or classes of livestock& pet animals 其他牲畜及宠物动物	10 000
Deoxynivalenol 呕吐毒素	Grains & grain byproducts destined for ruminating beef & feedlot cattle older than 4 months & for chicken；not to exceed 50%diet （~5ppm） 反刍牛、4 月大以上饲养牛 & 鸡所食用的谷物及谷物类副产品，在食物里不超过 50%	10 000
	Grain & grain byproducts destined for swine；not to exceed 20%of diet （~1ppm） 猪食用的谷物及谷物类副产品，在食物里不超过 20% Grain & grain byproducts for all other animals；not to exceed 40%of diet （~2ppm） 其他动物食用的谷物及谷物类副产品，在食物里不超过 40%	5 000
Zearalenone 玉米赤霉烯酮	N. A. 无	
T-2 Toxin 毒素	N. A. 无	
Aflatoxin B$_1$ 黄曲霉毒素 B$_1$	Maize & maize products, peanut & peanut products, peanut oil, irradiated peanut 玉米及玉米产品、花生及花生产品、花生油、辐照过的花生	20
	Rice, irradiated rice, edible vegetableoil 大米、辐照过的大米、食用蔬菜油	10
	Soya bean sauce, grain paste, vinegar, other grains, beans, fermented foods, fermented bean products, starchproducts, fermented wine, red rice, butter cake, pastry biscuit and bread, food additives, salad oil 大豆酱、谷物糊、醋、其他谷物、豆类、发酵过的食品、发酵过的豆类产品、淀粉类产品、发酵酒类、红米、黄油蛋糕、带馅点心及面包、食品添加剂、沙拉油	5
	Infant formula-soybean based, infant formula '5410', formulated weaning foods （rice, soybean based）, weaning supplementary foods （rice, soybean, wheat flour, milk powder） 婴儿配方食品大豆类、米类、麦粉类、奶粉	N. D. 不得检出
Aflatoxin M$_1$ 黄曲霉毒素 M$_1$	Milk & milk products 牛奶、牛奶制品	0.5
	Food for infants and young children, infant formula milk powder 婴幼儿食品、婴儿配方奶粉	N. D. 不得检出
Ochratoxin 赭曲霉素	N. A. 无	
Fumonisin 伏马毒素	N. A. 无	
Deoxynivalenol 呕吐毒素	Wheat & wheat flour, maize & maize flour 麦、麦粉、玉米及玉米粉	1 000
Zearalenone 玉米赤霉烯酮	N. A. 无	

（续表）

Mycotoxin 霉菌毒素	Commodity 样品类型	Limit 限量 （μg/kg）
T-2 Toxin T-2 毒素	N. A. 无	
Patulin 展青霉素	Semi-finished products （juice or paste） 半成品（酱或糊）	100
	Fruit juice or jam, fruit wine, canned products hawthorn strip （cake） 水果汁或酱、果酒、罐头产品、山楂条（糕）	50
Aflatoxin B₁ 黄曲霉毒素 B₁	Corn 玉米	20
	Rice 大米	10
	Others 其他	5
Deoxynivalenol 呕吐毒素	Wheat, barley, corn and grain products 小麦、大麦、玉米及谷物产品	1 000
Zearalenone 玉米赤霉烯酮	Wheat, corn 小麦、玉米	60
	玉米和配合饲料	500
Ochratoxin A 赭曲霉素 A	Grains and beans 谷物及豆类	5
	玉米和配合饲料	100ppb

第二节　霉菌毒素检测方法

霉菌毒素广泛存在于谷物食品等。相关产品中，为保障食品安全要开展检测工作，目前霉菌毒素检测方法众多，主要可以分为化学分析法、仪器分析法、酶联免疫检测法和荧光分析法等。

一、化学分析法

化学分析法是最早应用于霉菌毒素检测的方法，成本低且较为实用，主要有薄层层析法 TLC。薄层色谱法是检测真菌毒素较传统的方法。它利用各组分对同一物质的吸附能力的不同，在溶剂流经固相，进行吸附和解吸附，重复此过程，从而使各组分分离。薄层色谱法使用设备简单，操作方便，分离速度快，显色选择性大，已广泛应用于化合物的初步鉴定，但此方法重现性不好，精密度较差，近年来，薄层色谱法逐渐被其他方法所取代。

二、仪器分析法

仪器分析方法主要是对靶物质进行提取净化，等前处理后使用相关的设备进行定性定量检测。在霉菌毒素检测中，常用的仪器包括高效液相色谱法 HPLC、超高效液相色谱法 UHPLC、液相色谱和质谱联用法 HPLC-MS/MS、气相色谱与质谱联用法 GC-MS/MS 等。

气相色谱法具有分离速度快、灵敏度高、分离效果好等优点。但由于气相色谱是根据物质的挥发性和热稳定性进行分离，而大多数毒素对热不稳定，所以气相色谱法检仪测霉菌毒素时受到了较大的限制。主要可以测定玉米赤霉烯酮、单端孢霉烯族毒素在内的镰刀菌毒素以及展青霉毒素等。

高效液相色谱法检测真菌毒素时，通常采用配有紫外或荧光检测器的高效液相色谱仪，当检测物质为黄曲霉毒素等无荧光信号的真菌毒素时，需要进行一定的衍生化处理，使用液相色谱和质谱联用法可以对多种真菌毒素进行同时检测。用仪器法对真菌毒素进行检测灵敏度高能进行自动化检测，可对毒素进行精确定量，但也存在前处理相对复杂、实际用量大、色谱柱等耗材费用高等缺点。

色谱质谱联用技术主要包括气相色谱质谱联用和液相色谱质谱联用。质谱联用技术在很大程度上降低了食品安全检测的难度，提高了检测准确性和灵敏度。气相色谱质谱联用技术在 20 世纪 60 年代迅速发展，目前已成为非常普遍的连用技术。气相色谱质谱联用技术保留了气相色谱分离速度快、效果好等优点，又结合了质谱选择性好的特点，广泛应用于多残留检测。气相色谱质谱联用技术与气相色谱法一样受其热稳定性的影响。主要检测的毒素有镰刀菌毒素和展青霉毒素等。近年来发展最快的分析方法是液相色谱质谱联用技术。众所周知，质谱分析要求目标化合物达到一定纯度。而色谱分析受到检测器的影响，限制了检测的种类。液相色谱与质谱联用则弥补了色谱与质谱单独使用的不足，将色谱分离效果好的优点与质谱灵敏度高、选择好的优点结合起来。常用于多毒素检测。

三、酶联免疫检测法（ELISA）

酶联免疫检测法作为真菌毒素最常用的免疫学检测方法，具有高灵敏度和高特异性的特点，并且样品前处理简单，可对批量样品进行低成本的快速筛查。酶联免疫检测法的检测原理是待测样品与酶标物按照特定的加样程序与检测孔中的包被物发生反应，中途经洗涤去除非特异性结合物质，通过结合固相载体的酶量与待检测物质的比例关系绘制标准曲线，进行定量检测与分析（图5-7）。

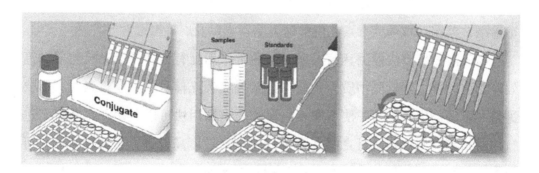

图 5-7 酶联免疫检测法

四、荧光免疫法

采用荧光标记取代酶联免疫检测中的酶标记。通过检测荧光信号对结果进行测定的荧光免疫技术属于发展较早的标记免疫技术。相对吸光度检测具有更高的灵敏度，可满足对特殊靶物质微量或超微量的检测需求。该方法的检测原理与酶联免疫类似，根据荧光强度与待测物质浓度间的关系进行定性检测和定量分析。

第三节 主要净化技术

在使用仪器检测方法中，需要对检测物质进行提取净化等前处理，霉菌毒素的净化技术主要应用到 SPE（固相萃取净化）技术、IAC（免疫亲和柱净化）技术、QuEChERS 净化技术和固相萃取技术等。

一、SPE 净化技术

真菌毒素 SPE 是一种常用的样品前处理方法，所用填料为高选择性的、高效的固定相，这有助于快速净化真菌毒素。同时，SPE 运用了 MFC（多功能柱）一次净化提取液体。MFC 是一种由美国 Romer Labs 研制的具有特殊属性的 SPE 柱，是一种包含多类官能团的复合吸附填料小柱，其在吸附样液中杂质时具有选择性，同时在样液中留下待测目标物，继而完成样液的净化和富集。

二、IAC 净化技术

在真菌毒素检测中，真菌毒素 IAC 的应用效果显著，它所用的配基为真菌毒素抗体，用以吸附真菌毒素。由于真菌毒素 IAC 的靶标识别性非常好，在去除样品基质干扰、减少净化损失和增加检测准确度方面起到了很好的作用，因此非常适用于检测基质中浓度较低的真菌毒素。

主要原理是利用抗原与抗体的高亲和力、高专一性和可结合的特点以及色谱技术的差速迁移理论而建立的一种新型色谱技术。就是将被测物的特异性抗体固定在适当的固相载体上，制备成免疫亲和色谱的固定相（免疫亲和色谱柱），根据被测物的反应原性、抗原抗体结合的特异性记忆，抗原抗体复合物在一定条件下能够可逆解离的特性进行色谱分离。

优缺点：分析自动化，灵敏度高，是当前国内外使用的权威的检测黄曲霉毒素的方法；操作技术水平要求高，仪器设备要求先进。

三、QuEChERS 净化技术

QuEChERS 是一种集提取、盐析、净化功能于一身的净化技术，目前在真菌毒素能力验证中的应用十分广泛。在粮油作物检测中，QuEChERS 的净化技术原理：先用乙腈或甲醇等有机溶剂与水的混合溶液将真菌毒素提取出来，再利用无水 $MgSO_4$ 等盐析剂进行盐析分层，之后再将真菌毒素提取液放入装有 C18 键合硅胶、石墨化炭黑、佛罗里硅土和乙二胺-N-丙基硅烷等净化剂的聚四氟乙烯离心管中净化处理，并振摇离心，最后再抽取上清液开展仪器分析。应用表明，QuEChERS 净化技术具有操作方便且快速、检测损失低、环境污染小、提取/净化效率高等应用优势。

四、固相萃取技术

固相萃取（Solid Phase Extraction，SPE）是一项由液固萃取和色谱分离相结合的样品前处理技术，始于 20 世纪 80 年代中期。主要用于样品的分离、净化和富集，达到降低样品基质干扰、提高检测灵敏度的目的。使用固相萃取技术对样品进行前处理能够更有效地将黄曲霉毒素与基质中的干扰组分分离，并且操作简单，是目前在黄曲霉毒素检测中使用最为广泛的前处理技术之一。

第四节　技术要点

谷物样品用于霉菌毒素检测时至少要提取 1kg。样品至少有 90% 通过 20 目筛之后进行萃取。二次取样非常重要，确保研磨样品的均一性或均质化。

一、黄曲霉毒素高效液相色谱法

1. 提取（图 5-8）

（1）称取 5g 试样（精确至 0.01g）于 50mL 离心管中。

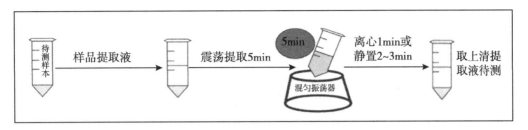

图 5-8 黄曲霉毒素的提取

（2）加入 20.0mL 乙腈–水溶液（84+16）或甲醇–水溶液（70+30），涡旋混匀，置于超声波/涡旋。

（3）在 6 000 r/min 下离心 10min（或均质后玻璃纤维滤纸过滤），取上清液备用。

2. 净化（图 5-9）

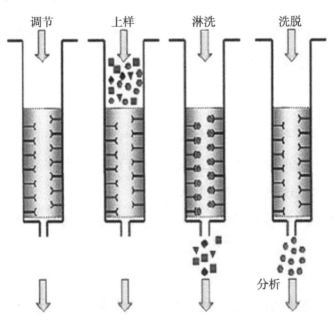

图 5-9 黄曲霉毒素的净化

4mL 上清液+46mLPBS 缓冲液，混匀。

上样：上述混合液加至 50mL 注射器，过滤至免疫亲和柱，加负压，注意控制流速 1~3mL/min，弃去流出液。

淋洗：2×10mL 水，注意控制流速。

洗脱：2mL 甲醇，50℃氮吹，流动相复溶。

3. 注意事项

（1）免疫亲和柱应在 2~8℃保存，禁冷冻，在有效期内使用。

（2）免疫亲和净化柱使用前要恢复其温度至室温（20~25℃）。

（3）样品净化所用上样液要足够澄清，以免堵塞柱子。

（4）整个净化过程整个纯化过程尽量不要让柱子干涸，应避免空气进入免疫亲和柱而降低亲和效果，从而降低回收率。

（5）洗脱前，抽干免疫亲和柱中的淋洗液。

（6）过柱前将甲醇水提取液稀释到 35%（v/v），防止抗原抗体无法结合而直接洗下。

（7）具体使用方法按照说明书操作，不可完全按检测标准生搬硬套。

二、玉米赤霉烯酮

1. 提取

（1）称取样品 40g，加入 4g 氯化钠。

（2）加入 100mL 提取液（乙腈+水＝9+1），高速匀浆 2min。

（3）定量滤纸过滤，收集过滤液。

（4）取 10mL 过滤液，加入 40mL 水，混匀，用玻璃纤维滤纸过滤至澄清，收集过滤液。

2. 净化

上样：准确移取 10.0mL 滤液，调节压力使溶液以 1~2 滴/s 的流速缓慢通过免疫亲和柱，弃去流出液。

淋洗：5mL 水。

洗脱：1.5mL 甲醇，55℃氮吹，1mL 流动相复溶。

3. 注意事项

样品复溶液必须选择流动相复溶，玉米赤霉烯酮为脂溶性。

样品净化所用上样液要足够澄清，以免堵塞柱子。

三、伏马毒素

准确称取 2g 粉碎均匀的饲草样品（精确到 0.01g）于 50mL 离心管中，加入 20mL 50%乙腈-水溶液，涡旋混匀后于恒温振荡器中振荡 30min 或超声 20min。

加入 QuEChERS 萃取包（Part No：5982-0650，安捷伦），振摇 2min，使其充分混合均匀 8 000 rpm 条件下离心 5min，上清液待用。

取 250uL 上清液，加入 50uL 内标溶液（2ppmDON/0.5ppmFB$_1$/0.1ppmFB$_2$）、700uL 水，混匀，旋涡 1min，过 0.22μm 聚醚砜滤膜于样品瓶中，UPLC-MS/MS 测定。

四、呕吐毒素

1. 提取

称取样品 25g，加 5g 聚乙二醇（目的是为使样品分散更加均匀）。

加入 100mL 水，超声波/涡旋振荡器或摇床中超声或振荡 20min。

玻璃纤维滤纸过滤至滤液澄清（或 6 000 r/min 下离心 10min）。

滤液 10 000 r/min 离心 5min，收集滤液，低温保存。

2. 净化

上样：准确移取 2mL 滤液，调节压力使溶液以 1~2 滴/s 的流速缓慢通过免疫亲和柱，弃去流出液。

淋洗：5mLPBS 缓冲盐溶液+5mL 水。

洗脱：2mL 甲醇，50℃氮吹，1mL 流动相复溶，0.45μm 滤膜过滤。

第五节　典型方法

一、黄曲霉毒素

（一）高效液相色谱法

在黄曲霉毒素检测中，方法有高效液相色谱法、液相色谱质谱联用法、酶联免疫法、胶体金免疫层析测定法，其中高效液相色谱法应用最为广泛。高效液相色谱法具有灵敏度高、分析速度快、分离效果好、选择性好的优点，被各检测实验室广泛使用。

1. 衍生

因黄曲霉毒素有特异性荧光反应能，所以采用高效液相色谱法检测黄曲霉毒素，时常采用荧光检测器进行检测。使用荧光检测器进行测定时，黄曲霉毒素 B_1 和 C_1 灵敏度较低，达不到检测要求，因此要对其进行衍生。衍生方法有柱前衍生法和柱后衍生法。具体方法如下。

黄曲霉毒素 B_1 和 G_1 的荧光在含水的溶剂中易发生荧光淬灭，导致荧光减弱，严重影响灵敏度。

衍生方法一般分为柱前衍生和柱后衍生。

柱前衍生剂三氟乙酸（TFA）衍生法：TFA 柱前衍生法是美国 AOAC 检测黄曲霉毒素的标准方法之一。在酸性条件下，B_1 和 G_1 的二呋喃环上的双键结构不稳定，容易发生羟基化反应，转变衍生物 AFT B_{2a} 和 AFT G_{2a}。

加热柱后衍生法：在溴或碘存在的条件下，对衍生反应进行加热，使 AFT B_1 和 AFT G_2 双呋喃环上的双键发生加成反应，生成荧光强度更强的碘化物或溴化物。

（1）柱前衍生。

步骤：氮吹干收集的洗脱液，然后加入 200μL 正己烷，100μL 三氟乙酸（TFA），40℃培养箱恒温 20min，氮气吹干，加入 1mL 流动相定容，上 HPLC-FLD。

原理：在酸性条件下，B_1 和 G_1 的二呋喃环上的双键结构不稳定，容易发生羟基化反应，转变衍生物 AFT B_2 和 AFT G_2（美国 AOAC 检测黄曲霉毒素的标准方法之一）（图 5-10、图 5-11）。

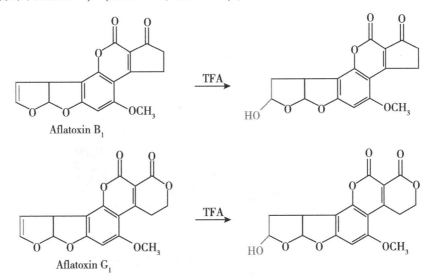

图 5-10　B_1 和 G_1 羟基化反应

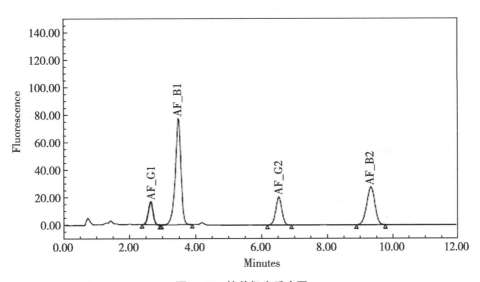

图 5-11　柱前衍生反应图

（2）碘衍生法（图 5-12 至图 5-14）。

流动相：甲醇-水。

流速：0.8mL/min。

衍生溶液：0.05%碘溶液。

衍生溶液流速：0.2mL/min。

反应管温度：70℃。

荧光检测器：ex，360nm；em，440nm。

图 5-12　碘衍生仪器

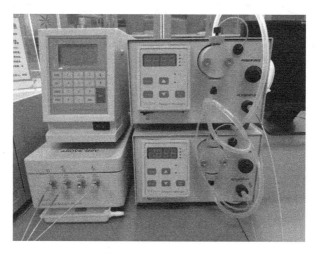

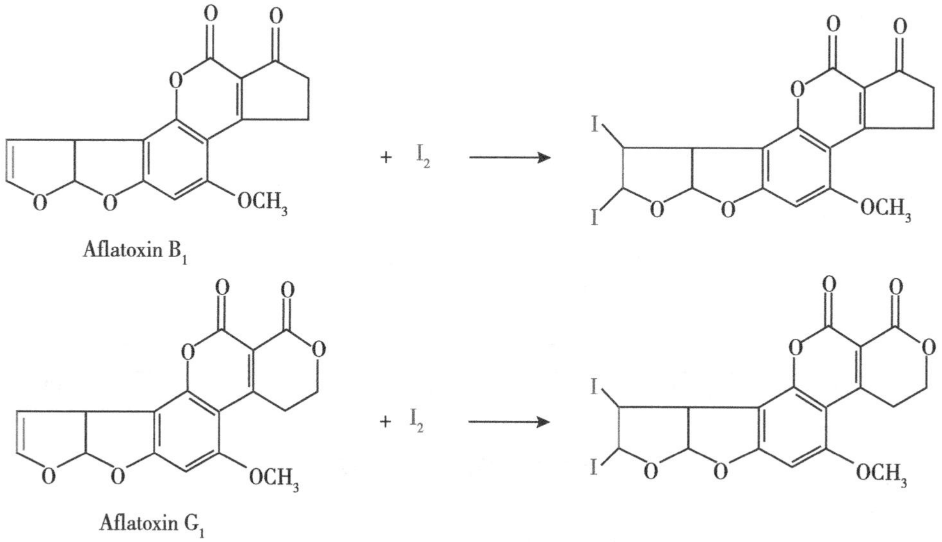

图 5-13　碘衍生反应

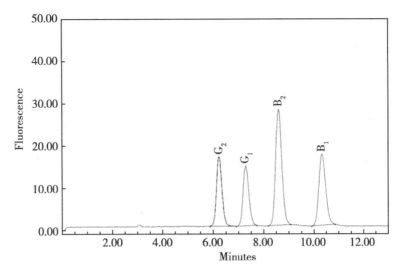

图 5-14 碘衍生反应图

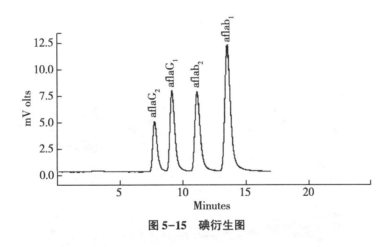

图 5-15 碘衍生图

（3）光化学衍生法（图 5-16 至图 5-18）。

光化学衍生法优点：仪器安装调试简单，开机即可使用；不需要衍生试剂；节约时间；不需要冲洗步骤；降低成本；流动相为甲醇和水，流速 0.8mL/min。

（4）注意事项。

碘衍生：碘易升华且易析出，易导致衍生反应管堵塞；容易污染荧光检测器。

光化学衍生：紫外灯强度。

黄曲霉毒素柱后光化学衍生法色谱条件

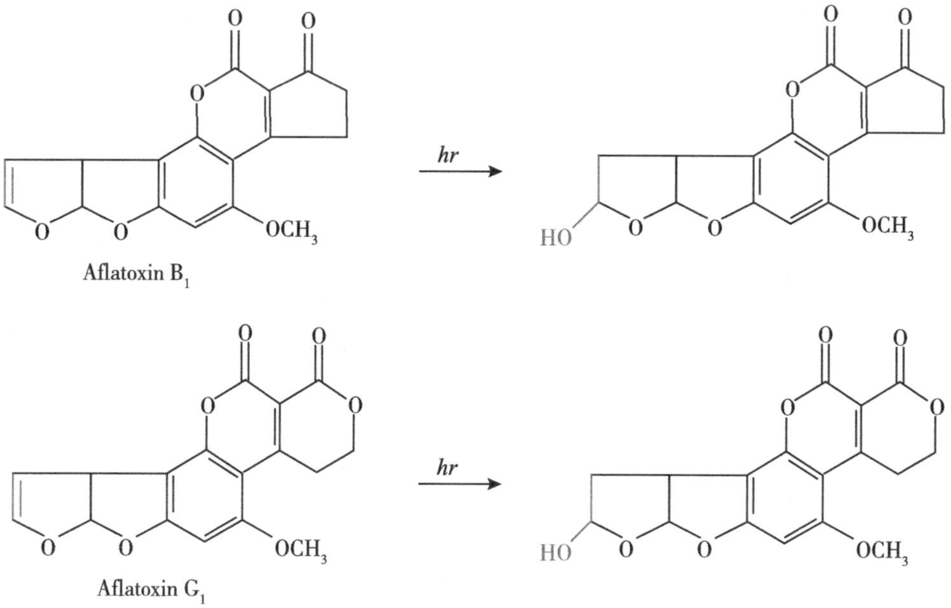

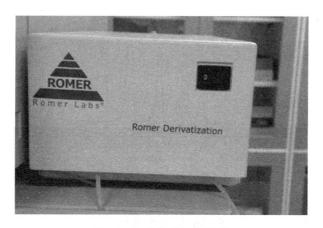

Aflatoxin B₁

Aflatoxin G₁

图 5-16　光化学衍生反应

图 5-17　光化学衍生仪器

流动相：水+甲醇=55+45。

色谱柱：C18。

流速：0.8mL/min。

波长：发射 365nm，激发 435nm。

柱温：30℃。

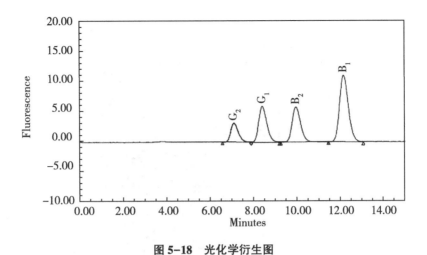

图 5-18　光化学衍生图

（二）ELISA 试剂盒法测

采用直接竞争 ELISA 原理，在微孔板上预包被抗体，样品/标准品中的 AFB_1 与酶联偶合剂竞争结合微孔中的特异性抗体。微孔条上预包被的偶联抗原特异性竞争抗 AFB_1 抗体，未结合的酶标抗原在洗涤过程中被除去，加入底物显色液，显色，读取数值，简单快捷（图 5-19 至图 5-21）。

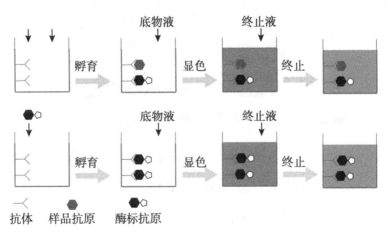

图 5-19　ELISA 试剂盒检测

注意事项：

萃取液：pH 值为 6~8。

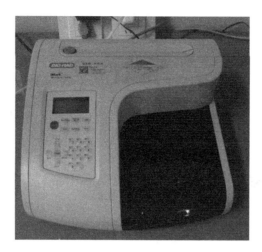

图 5-20　ELISA 试剂盒检测仪器

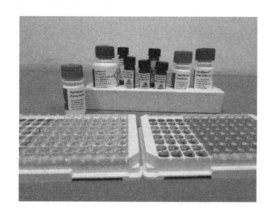

图 5-21　ELISA 试剂盒

ELISA 保存：2~8℃，0℃以下与35℃以上均会加速试剂盒变质。

使用前，试剂盒需放置室温（20~25℃）平衡 2~3h。

严格按照说明书中规定的操作和操作时间。

避免交叉污染。

在恒温孵育过程中，避免光线照射。

酶联偶合物有絮状沉淀或底物变色均不能继续使用。

安全性：穿戴安全手套、实验外套。

（三）胶体金免疫层析测定法

利用胶体金颗粒作为标记物的一种固相免疫分析法，利用抗体与抗原的特异性结合，可一步检测黄曲霉毒素。该法可在 5～10min 内完成对试样中黄曲霉毒素的定性测定（图 5-22）。

优缺点：具有快速、简单、灵敏度高的特点，无需其他仪器设备的配合，但其检测的准确度、精确度有待进一步研究。

注意事项：

保存：一般在 2～30℃密封干燥保存；忌冷冻。

操作：环境温度 15～37℃；检测卡易受潮。

有效期内使用。

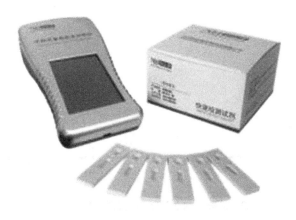

图 5-22　胶体金免疫层析测定

黄曲霉毒素是一种剧毒且强致癌的物质，使用时应特别小心，在操作时应注意以下事项。

（1）实验时应戴口罩，配标准溶液时戴手套。

（2）若衣服被污染，需用 5%的次氯酸钠溶液浸泡 15～30min，再用清水洗净。

（3）对于剩余的黄曲霉毒素标液或阳性样液，应先用 5%的次氯酸钠处理后方可到指定的地方。

（4）实验中被污染的玻璃器皿须经 5% 次氯酸钠溶液浸泡 5min 再清洗。

（5）实验完毕应用 5% 的次氯酸钠溶液清洗消毒实验台等。

（6）皮肤被污染，可用四氯酸钠溶液搓洗，再用肥皂水洗净。

（四）液相色谱质谱联用法

液相色谱参考条件（图 5-23、图 5-24）。

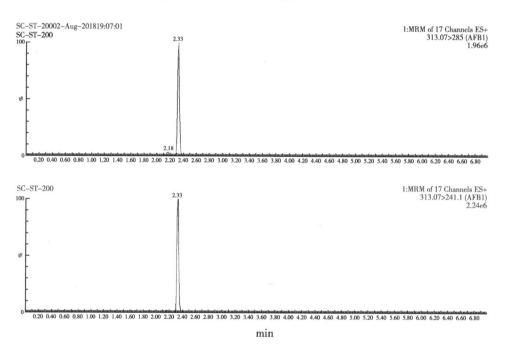

图 5-23　液质联用色谱法测定黄曲霉毒素 B$_1$ 谱图

色谱柱：C18 色谱柱（柱长 100mm，柱内径 2.1mm，填料内径 1.7μm）或相当者。

流动相：乙腈（B 项），0.1% 甲酸水（A 相）。

流速：0.3mL/min。

进样量：2μL。

柱温：40℃。

流动相及梯度洗脱条件见表 5-3。

梯度洗脱：5%A（0~0.2min），10%A（2~4min），5%A（7~8min）。

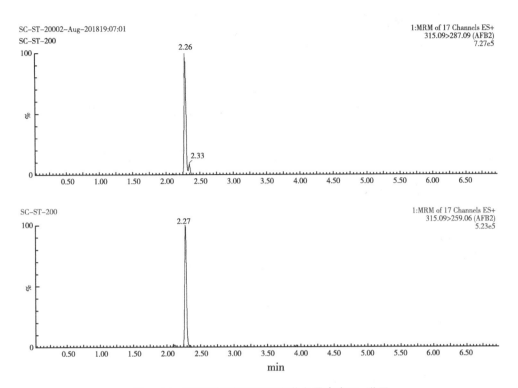

图 5-24 液质联用色谱法测定黄曲霉毒素 B₂ 谱图

表 5-3 流动相及梯度洗脱条件

时间（min）	流动相 A	流动相 B
0	90	10
0.2	90	10
2.0	10	90
4.0	10	90
4.02	90	10
7.0	90	10

质谱参考条件。

离子源：电喷雾离子源（ESI）。

毛细管电压：3.5KV。

离子源温度：120℃。

脱溶剂气温度：500℃。

121

扫描模式：正离子。

监测方式：多反应监测（MRM）（表5-4）。

表5-4　监测条件

化合物名称	母离子（m/z）	锥孔电压（V）	定量离子对（m/z）	碰撞能量（eV）	定性离子对（m/z）	碰撞能量（eV）
AFBI	313.07	37	285	20	241	35

二、玉米赤霉烯酮

1. 高效液相色谱法

适用于粮食和粮食制品，酒类，酱油、醋、酱及酱制品，大豆、油菜籽、食用植物油。

（1）色谱柱。C18柱。

（2）流动相。乙腈-水-甲醇（46∶46∶8，体积比）。

（3）流速。1.0mL/min。

（4）检测波长。激发波长274nm，发射波长440nm。

2. 荧光光度法

适用于大豆、油菜籽、食用植物油中玉米赤霉烯酮的测定，液相色谱-质谱法适用于牛肉、猪肉、牛肝、牛奶、鸡蛋中玉米赤霉烯酮的测定（图5-25）。

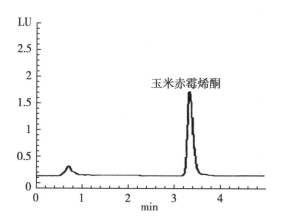

图5-25　荧光光度法测定玉米赤霉烯酮

3. 液相色谱质谱联用法（图 5-26）

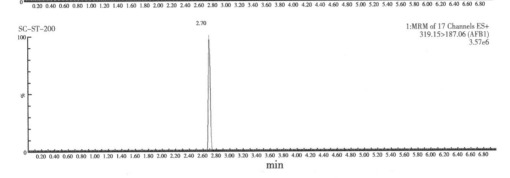

图 5-26　液质联用色谱法测定玉米赤霉烯酮谱图

（1）液相色谱参考条件。

色谱柱：C18 色谱柱（柱长 100mm，柱内径 2.1mm，填料内径 1.7μm）或相当者。

流动相：乙腈（B 项），0.1%甲酸水（A 相）。

流速：0.3mL/min。

进样量：2μL。

柱温：40℃。

流动相及梯度洗脱条件见表 5-5。

表 5-5　流动相及梯度洗脱条件

时间	流动相 A	流动相 B
0	90	10
0.2	90	10
2.0	10	90
4.0	10	90

（续表）

时间	流动相 A	流动相 B
4.02	90	10
7.0	90	10

（2）质谱参考条件。

离子源：电喷雾离子源（ESI）。

毛细管电压：3.5KV。

离子源温度：120℃。

脱溶剂气温度：500℃。

扫描模式：正离子。

监测方式：多反应监测（MRM）（表5-6）。

表5-6　监测条件

化合物名称	母离子（m/z）	锥孔电压（V）	定量离子对（m/z）	碰撞能量（eV）	定性离子对（m/z）	碰撞能量（eV）
ZEN	319.1	20	283.1	19	187.1	11

三、伏马毒素

1. 液相色谱参考条件（图5-27）

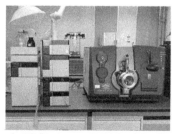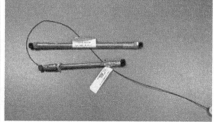

图5-27　液相色谱测伏马毒素仪器

（1）色谱柱。C18色谱柱（柱长100mm，柱内径2.1mm，填料内径1.7μm）或相当者。

（2）流动相。乙腈（B 项），0.1%甲酸水（A 相）。

（3）流速。0.3mL/min。

（4）进样量。2μL。

（5）柱温。40℃。

（6）流动相及梯度洗脱条件见表5-7。

表5-7　流动相及梯度洗脱条件

时间	流动相 A	流动相 B
0	90	10
0.2	90	10
2.0	10	90
4.0	10	90
4.02	90	10
7.0	90	10

2. 质谱参考条件

（1）离子源。电喷雾离子源（ESI）。

（2）毛细管电压。3.5KV。

（3）离子源温度。120℃。

（4）脱溶剂气温度。500℃。

（5）扫描模式。正离子。

（6）监测方式。多反应监测（MRM），监测条件见表5-8。

表5-8　监测条件

化合物名称	母离子（m/z）	锥孔电压（V）	定量离子对（m/z）	碰撞能量（eV）	定性离子对（m/z）	碰撞能量（eV）
FB_1	722.4	30	334.4	40	352.4	32
FB_2	706.5	40	318.4	38	336.4	38
$^{13}C34-FB_1$	756.5	30	356.5	28	—	—
$^{13}C34-FB_2$	740.5	40	358.4	30	—	—

四、呕吐毒素（图 5-28 至图 5-31）

1. 液相色谱参考条件

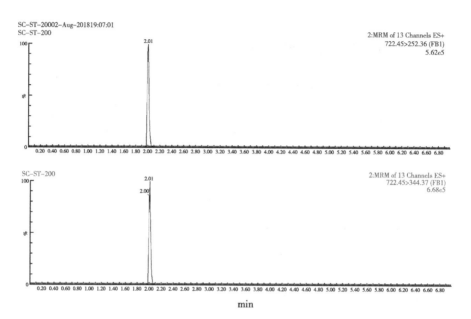

图 5-28 液质联用色谱法测定 FB₁ 谱图

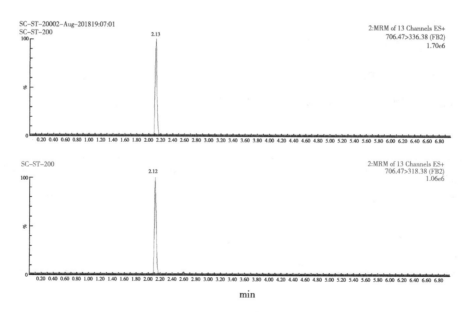

图 5-29 液质联用色谱法测定 FB₂ 谱图

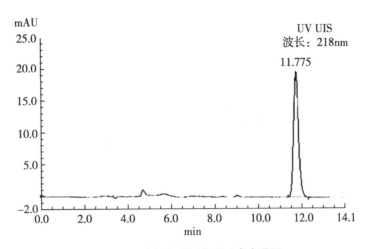

图 5-30　液相色谱测定呕吐毒素谱图

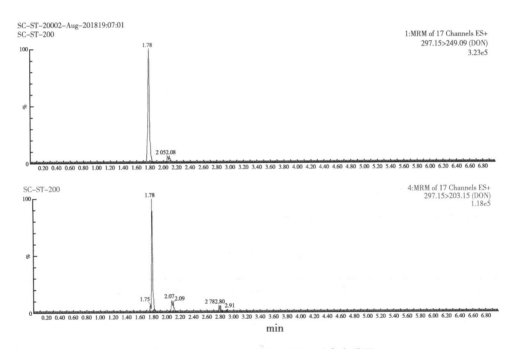

图 5-31　液质联用色谱法测定呕吐毒素谱图

色谱柱：C18 色谱柱（柱长 100mm，柱内径 2.1mm，填料内径 1.7μm）或相当者。

流动相：乙腈（B 项），0.1%甲酸水（A 相）。

流速：0.3mL/min。

进样量：2μL。

柱温：40℃。

流动相及梯度洗脱条件见表5-9。

表5-9　流动相及梯度洗脱条件

时间	流动相 A	流动相 B
0	90	10
0.2	90	10
2.0	10	90
4.0	10	90
4.02	90	10
7.0	90	10

2. 质谱参考条件

离子源：电喷雾离子源（ESI）。

毛细管电压：3.5KV。

离子源温度：120℃。

脱溶剂气温度：500℃。

扫描模式：正离子。

监测方式：多反应监测（MRM），监测条件见表5-10。

表5-10　监测条件

化合物名称	母离子（m/z）	锥孔电压（V）	定量离子对（m/z）	碰撞能量（eV）	定性离子对（m/z）	碰撞能量（eV）
DON	297.1	30	249.1	10	203.1	16
^{13}C15-DON	312.0	30	263.0	16	—	—

五、T-2毒素

高效液相色谱参考条件列出如下（图5-32）。

色谱柱：C18柱，柱长150mm，内径4.6mm，粒径5μm，或等效柱。

流动相：乙腈-水（75∶25，体积比）。

流速：1.0mL/min。

检测波长：激发波长 381nm，发射波长 470nm。

进样量：20μL。

柱温：35℃。

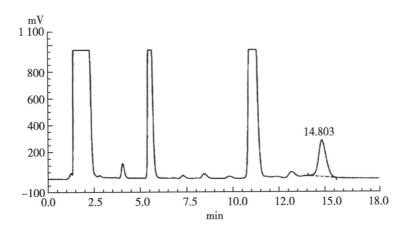

图 5-32 液相色谱法测定 T-2 毒素谱图

第六节 总 结

真菌毒素是真菌在食品或饲料生产中产生的一类代谢产物，对人类和动物都有较大的危害。真菌毒素可以通过饮食的方式进入人或是动物体内，使人或动物患急性或慢性疾病，进而造成伤害，多数真菌毒素都具有致癌等作用，因此必须对食品中霉菌毒素进行含量检测。研究食品中霉菌毒素的检测有重要的意义，在食品安全检测中，霉菌毒素的检测方法主要有荧光检测法、液相色谱检测法、液相色谱质谱联用检测法等。各国对食品中的霉菌毒素都做了限量规定，为了确保我国的食品安全，增强我国商品的国际竞争力，确保人民的健康水平，我们要大力发展适合我国国情的检测方法，加强对霉菌毒素的预警系统研究，加强去毒方面的研究和痕量检测技术，加大毒素危害宣传作用，提高全民的防范意识。

第六章　重金属检测技术

第一节　概　　述

重金属污染是食品安全的重要问题之一。重金属的威胁在于它不能被环境中的微生物分解。相反，生物体可以富集重金属，且能将某些重金属转化为毒性更强的金属有机化合物。20 世纪 50 年代，日本水俣湾发生第一次汞中毒事件后，重金属污染开始受到全球关注。

一、镉

镉并非生命活动所必需的元素，且为已知的最易在体内蓄积的毒物之一，在人体肾脏、肝脏等组织中的半衰期达到 10~30 年。镉污染情况在亚洲国家最为严重。镉具有毒性强、潜伏期长的特点，镉在进入人体后，主要蓄积在肝脏和肾脏中，占机体镉总量的 65%~75%，因此这两个器官也是镉毒性的主要靶点器官。急性镉中毒导致人体出现咳嗽、胸闷、呼吸困难、恶心、呕吐及腹痛等症状，大剂量摄入甚至会由于急性肝损伤而导致死亡。慢性镉中毒会引起肾损伤（蛋白尿、肾小管病变、慢性肾衰竭）、骨损伤（骨痛、骨质疏松、骨软化、自发性骨折）、肝损伤（肝功能障碍、肝细胞坏死）、生殖器官损伤（睾丸、卵巢病变）、心血管疾病（血压变化、贫血、心脏疾病）以及癌症等病症。

二、铅

铅是一种普遍存在，被人类最早发现并利用的金属之一。在人体，铅主要贮存于骨骼，成人体内85%~95%的铅贮存于骨骼；而儿童70%的铅贮存于骨骼，其他的铅贮存在软组织。铅可作用于全身多个系统及器官，引起一系列不可逆的健康损害，主要累及神经、血液、泌尿、心血管、生殖等系统。与其他器官相比，神经系统是铅最敏感也是最主要的靶器官，成人多受累于外周神经系统，而儿童多影响中枢神经系统。无论是慢性铅中毒还是急性铅中毒都会损害心脏以及血管，导致高血压、心脏病等致命后果，同时持续性的铅暴露可能还会引起冠状动脉局部缺血、脑血管意外、周围血管病等。

三、铬

铬对于人体、动物和植物的生长而言是一种必需的微量元素，它的存在对人的正常生理功能的发挥具有重要作用，同时它还是合成胰岛素不可缺少的辅助成分。它在生物的糖代谢过程中也发挥着无可替代的作用，能够促进脂肪和蛋白质的合成，当躯体缺铬时，可能会引起粥样动脉硬化等疾病。在一定浓度范围内，铬能够提高植物的收获量，但若含量过高，则会对人和植物的生长产生严重的危害。根据已有研究结果，铬可以透过胎盘对胎儿的生长发育起抑制作用甚至具有致畸作用。儿童摄入过量的三价铬后会降低肾小管的过滤率，且这种降低效应是不可逆的或需要较长时间才可以恢复的。

四、砷

砷是一种古老的原生质毒物，具有很高的毒性。部分砷化合物，如三氧化二砷、砷化氢等几乎影响人体的每一个器官，对人类健康造成严重的影响。急性砷中毒表现为胃肠道严重损伤，心功能失常，并伴有神经系统症状，严重者出现昏迷、发绀、休克甚至死亡。已有的动物实验和人群流行病学研究表明，砷可以引起不同程度的皮肤损伤、肌腱反射异常、肝功能损伤、心血管及神经系统病变。更为重要的是，砷是确认的人类致癌物，砷接触可以导致皮肤癌、膀胱癌、肺癌、肝癌、胃癌、前列腺癌及直肠癌等多种肿瘤的发病率明显上升。

五、汞

汞俗称水银，是在常温、常压下唯一以液态存在的金属。汞及其化合物以广泛形式存在于自然环境中。特别是近现代社会的快速发展，汞越来越被广泛应用于农业、工业、制药业、制造业、冶金及牙科上。汞蒸汽和汞的化合物大多有剧毒。伴随着汞在各领域的应用，汞形成了大气、水体和土壤的立体污染循环，并通过植物、鱼类等动物体富集，再经过食物链进入高等动物或人类体内，在肝脏、肾脏、脑等实质器官组织中再富集，引起生物体内酶活性发生变化，扰乱机体正常新陈代谢，甚至造成致畸，严重威胁人类健康。

第二节　重金属污染限量标准

重金属可通过地质风化作用、农业污染、生活污染等方式聚集在农产品中，对人体健康的危害已引起各国政府与消费者的广泛关注，各国政府在制定食品中重金属的限量标准时都采取从严的方法，以保护消费者的健康。

一、国际食品法典委员会（CAC）

国际食品法典委员会（CAC）关于食品中重金属限量的规定主要集中在《食品和饲料中污染物和毒素通用标准》（CODEX STAN 193—1995）。该标准自发布以后经过多次修订。CAC对种植业产品中重金属限量的具体规定如下（表6-1）。

表 6-1　CAC 对种植业中重金属限量的规定

重金属	食品类型	限量（mg/kg）
铅	各种（亚）热带水果，不可食用的皮	0.1
	浆果及其他小水果	0.2
	柑橘类水果	0.1
	仁果	0.1
	坚果	0.1
	甘蓝类蔬菜	0.3
	鳞茎蔬菜	0.1
	果菜类，葫芦科	0.1
	果菜类，葫芦科除外	0.1
	叶菜类	0.3
	豆荚蔬菜	0.2
	豆荚	0.2
	根茎及块茎蔬菜	0.1
	谷物，不包括荞麦、藜	0.2
镉	甘蓝类蔬菜	0.05
	鳞茎类蔬菜	0.05
	果菜类蔬菜，瓜类	0.05
	果菜类蔬菜，除瓜类外	0.05
	叶菜类	0.2
	豆类蔬菜	0.1
	马铃薯	0.1
	豆荚	0.1
	根茎及块茎蔬菜	0.1
	茎秆蔬菜	0.1
	谷物，不包括荞麦和藜	0.1
	脱皮的大米	0.4
	小麦	0.2

二、中国限量标准

GB 2762—2017 规定了食品中铅、镉、汞、砷、锡、镍、铬的限量。中国食品中重金属的限量标准具体如下（表 6-2）。

表6-2 中国食品中重金属的限量标准

重金属	食品类别（名称）	限量（mg/kg）
铅	谷物及其制品［麦片、面筋、八宝粥罐头、带馅（料）面米制品除外］	0.2
	麦片、面筋、八宝粥罐头、带馅（料）面米制品	0.5
	新鲜蔬菜（芸薹类蔬菜、叶菜蔬菜、豆类蔬菜、薯类除外）	0.1
	芸薹类蔬菜、叶菜蔬菜	0.3
	豆类蔬菜、薯类	0.2
	蔬菜制品	1.0
	新鲜水果（浆果和其他小粒水果除外）	0.1
	浆果和其他小粒水果	0.2
	水果制品	1.0
	食用菌及其制品	1.0
	豆类	0.2
	豆类制品（豆浆除外）	0.5
	豆浆	0.05
	藻类及其制品（螺旋藻及其制品除外）	1.0（干重计）
	坚果及籽类（咖啡豆除外）	0.2
	咖啡豆	0.5
	茶叶	5.0
	干菊花	5.0
	苦丁茶	2.0
	花粉	0.5
镉	谷物（稻谷除外）	0.1
	谷物碾磨加工品（糙米、大米除外）	0.1
	稻谷、糙米、大米	0.2
	新鲜蔬菜（叶菜蔬菜、豆类蔬菜、块根和块茎蔬菜、茎类蔬菜除外）	0.05
	叶菜蔬菜	0.2
	豆类蔬菜、块根和块茎蔬菜、茎类蔬菜（芹菜除外）	0.1
	芹菜	0.2
	新鲜水果	0.05
	新鲜食用菌（香菇和姬松茸除外）	0.2
	香菇	0.5
	食用菌制品（姬松茸制品除外）	0.5
	豆类	0.2
	花生	0.5
无机砷	稻谷、糙米、大米	0.2

（续表）

重金属	食品类别（名称）	限量（mg/kg）
	谷物	1.0
铬	谷物碾磨加工品	1.0
	新鲜蔬菜	0.5
	豆类	1.0

三、欧盟限量标准

在法规（EC）1881/2006 中制定了关于食品中重金属限量值的标准，此后又经过多次修订，食品中最大限量施行以下标准（表6-3）。

表6-3　食品中最大限量

重金属	食品类别（名称）	限量（mg/kg）
	谷物豆荚及豆类食物	0.2
铅	蔬菜，不包括芸薹属蔬菜、叶类蔬菜、新鲜草本植物及真菌。马铃薯的限量按照去皮马铃薯计算	0.1
	水果，不包括草莓及小水果	0.1
	草莓及小水果	0.2
	谷物（糠、胚芽、小麦、大米除外）	0.1
	糠、胚芽、小麦、大米	0.1
	大豆	0.2
镉	蔬菜和水果，不包括叶类蔬菜、新鲜草本植物、真菌、茎类蔬菜、花生、根类蔬菜及马铃薯	0.05
	叶类蔬菜、新鲜草本植物、种植真菌及芹菜	0.2
	茎、根类蔬菜及马铃薯不包括芹菜。马铃薯的最大限量按去皮马铃薯计	0.1

第三节　主要前处理方法

一、干灰化法

干灰化法是利用高温对样品进行灰化分解，低温炭化至无烟后于马弗炉高温灼烧至完全，被测物以固态形式残存。优点：步骤简单，易于操作并可同时处理大量样品；能彻底破坏有机物，溶解残留物的酸用量少，样品溶液酸度低，样品空白低。缺点：耗时长；挥发性元素易气化损失；某些元素易被坩埚滞留；易受环境污染。

干灰化法一般步骤：称取 0.3～0.5g 干试样（精确至 0.000 1g）、鲜（湿）试样 1～3g（精确到 0.001g）、液态试样 1～2g（精确到 0.001g）于瓷坩埚中，先小火在可调式电炉上炭化至无烟，移入马弗炉 500℃灰化 6～8h，冷却。若个别试样灰化不彻底，加 1mL 混合酸在可调式电炉上小火加热，将混合酸蒸干后，再转入马弗炉中 500℃继续灰化 1～2h，直至试样消化完全，呈灰白色或浅灰色。放冷，用硝酸溶液（1%）将灰分溶解，将试样消化液移入 10mL 或 25mL 容量瓶中，用少量硝酸溶液（1%）洗涤瓷坩埚 3 次，洗液合并于容量瓶中并用硝酸溶液（1%）定容至刻度，混匀备用；同时做试剂空白试验。

注意事项：

（1）在高温灰化过程中，气化损失因元素在试样中存在形式和元素性质、灰化温度、样品基体成分而异。某些元素的损失则是因其在样品中存在的形式是挥发性的。

（2）在灰化过程中，待测元素也可以与其周围的无机物反应而转变为易挥发性化合物。如锌、铅与氯化铵共热，生成易挥发的氯化物而损失；镉在灰化中被碳化的有机物还原金属镉而挥发。

（3）气化损失因灰化温度而异，温度增高，气化损失一般加剧。此外，样品量与表面积之比也是应注意的问题。

（4）待测元素被残留于容器壁上不能浸提是造成灰化损失的第二原因。针对灰化时待测元素的挥发与被滞留现象，可以加入一定的化学品以改变试样基体组分。

二、湿法消解

湿法消解是在常压下进行的，利用强酸或者强碱性溶液（强氧化）加入样品中，对其中的有机组分进行彻底的氧化以及分解，将其分解成水、CO_2以及一些其他气体，使有机组分分解掉，留下待测的金属，使其转换为一种方便测定的形态的过程，一般用于代替干法灰化去制备一些全量元素的分析。在处理过程中，一般单一的氧化性酸不易将样品分解完全，且在操作中容易产生危险，因此在日常工作中多将两种或两种以上的强酸或氧化剂联合使用。

常见的几种消解体系。

（1）硝酸体系，最常见的消解体系。

（2）盐酸-硝酸体系，适用于生成不溶性硫酸盐类的物质，例如铅的消解。

（3）双氧水-硝酸体系，用于需要氧化分解的试样。

（4）高氯酸体系，如硝酸-高氯酸、硝酸-氢氟酸-高氯酸、盐酸-硝酸-高氯酸，这种消解体系用于必须以强氧化剂分解的试样。

湿法消解方法目前被使用的比较广泛，其有效性较强，相对来说比较直接和经济，基本上所有的样品都可以用这种方法来消解，适用于各类植物样品，便于处理大批量样品、过程可见、设备简单。但是这个方法的问题存在于操作条件相对比较难控制，和干法灰化相比，所需要的试剂更多，而且因为试剂多有腐蚀性，对容器和样品也会造成一些污染，甚至导致空白值高于正常水平。此种方法也是敞开式的，会产生酸雾，可能有交叉污染的情况出现。

湿式消解法一般步骤：干样称取 0.3~0.5g、鲜样称取 1~2g 于 100mL 锥形瓶中，放置数粒玻璃珠，加 10mL 硝酸—高氯酸（9+1），加盖浸泡过夜，加一个小漏斗于电磁炉上消解［温度升高条件可参考：120℃/（0.5~1h）、升温至 180℃/（2~4h）、升温至 200~210℃］，如果在消解过程中溶液变成棕黑色，需要再加入混合酸直到冒白烟，消化液呈现无色透明或者略带黄色。

放冷，将消化液洗入或过滤入 10~20mL 容量瓶，放置试液的锥形瓶要少量多次洗涤，洗涤液并入容量瓶中并且定容至刻度，混匀，同时做试剂空白试验。

注意事项：

硝酸—高氯酸法：要注意观察，防止严重碳化，发生爆炸危险。如果试剂溶液颜色变深，应取下稍微冷却，及时补加硝酸。消解到终点时，尽量让高氯酸冒尽，从而减少基体干扰。

注意消解温度，刚开始消解时，温度不宜过高，开始采用中温加热，防止暴沸、溅出损失。等红棕色烟散尽后，慢慢提高温度。温度控制砷、汞<180℃；铅、镉、铬<210℃。

水分含量高的食品，如蔬菜水果，可将称量后的样品容器放入鼓风烘箱中于 65~80℃烘干，或在电热板上低温烘干后再加入酸，防止发泡溢出。在消解高糖、高脂肪样品时可适当多加酸，防止样品碳化。

三、微波消解

微波消解通常是指利用微波加热封闭容器中的消解液（各种酸、部分碱液以及盐类）和试样，从而在高温增压条件下使各种样品快速溶解的湿法消化。这个过程是通过两个效应实现的，即分子极化和离子导电。对于固体样品来讲，可以使其表层迅速地破裂掉，和新的表面溶液进行反应，并在高压的促进下加快溶解速度，在比较短的时间内快速地将样品分解完全。其用微波加热与传统加热最大的不同点就是微波的"热效应"，这种作用的本质就是通过电位移和分子极化没有迅速调节以适应交变电场的能力。此种方式被称为内加热，所以说微波是在样品内部发生的，直接在物质分子间作用使其运动而产生热量的一种方式。

优点：可以迅速有效地分解试样，缩短溶样时间；试剂用量少，一般只需几毫升；试样在消解过程中的损失和交叉污染的可能性大大降低；能耗降低，易于实现自动操作，同时可减少常规消解酸雾对环境的污染；可以避免易挥发痕量元素的损失。缺点：高压、高温、强酸蒸气给实验者带来了安全方面的心理压力；微波消解仪及微波消解管造价成本高。

微波消解一般步骤：称取试样 0.1~0.5g（精确至 0.001g），对于蔬菜等含水量多的样品，称取试样 0.5~1g（精确至 0.001g），加入 5mL 硝酸，盖好安全阀，将消解罐放入微波消解系统，根据不同的试样设置不同的微波消解条件，直至微波消解完全，冷却后取出消解罐，在电热板上于 140~160℃（或赶酸仪）赶酸至 1mL 左右。消解罐放冷后将消解罐消化液转移至 10mL 容量瓶中，用少量的水洗涤消解罐 2~3 次，合并洗涤液用水定容至刻度，混匀备用。同时做试剂空白试验。

注意事项：

为了避免因反应过于剧烈而使压力骤升导致消解罐爆裂，微波消解样品时可采用预消解，即预先反应一段时间再进行微波消解，一般在敞开式的体系中进行。

用于消解的试样不能过多，干样一般不超过 0.5g，鲜样不超过 2g。称样过程中，尽量将样品送至消解管底部，避免样品沾染到管壁，如不慎沾染到管壁，可在加酸时将样品冲洗至管底。

为保证酸浓度，含水量较高的样品可先用烘箱将水分除去再加酸消解。

四、压力罐消解

压力罐消解法是利用外部加热，使密闭的消解罐内产生高温高压使试剂的沸点升高，因消解温度较高，从而使一些难溶解物质易于溶解。

优点：在密闭的容器中消解样品时，一些挥发性元素化合物，如砷、汞、硒等将会保留在容器内，减少挥发性损失；所用试剂较少；节省成本，减少污染。缺点：外壳易受酸腐蚀；从外部看不到分解反应过程，只能等冷却后打开才能判断分解是否完全；分解试样量小，因此，在测定超痕量元素时受到一定限制；分解有机物时，特别是在有高氯酸存在下有发生爆炸的危险。

压力罐消解法：称取试样 0.3~1g（精确至 0.001g）或者准确移取液体试样 2~10mL 于消解罐中，加入 5mL 硝酸。盖好内盖，旋紧不锈钢外套，放入恒温干燥箱，于 140~160℃下保持 4~5h，在箱内自然冷却至室温，缓慢旋松外罐，取出消解内罐，放在可调式的电热板上于 140~160℃赶酸至 1mL 左右，冷却后将消化液转移至 10mL 容量瓶中，用水少量洗涤内罐和内盖 2~3 次，合并洗涤液于容量瓶中并用水定容至刻度，混匀备用。同时做试剂空白试验。

注意事项：

（1）常见的密封容器材质是 PTEF，在使用这种消解罐时，样品及酸反应物蒸发产生的压力较大，样品和试剂的容量不能超过罐体容量的 10%~20%，过多的溶液产生的压力会超过容器的安全额定压力。

（2）分解温度必须严格控制，分解完成后必须将消解罐彻底冷却后才可打开，打开时需在通风橱进行小心操作。

第四节　重金属检测方法

一、原子吸收

（一）方法原理

原子吸收分光光度法又称原子吸收光谱法。所谓原子吸收就是指气态自由原子，对于同种原子发射出来的特征光谱辐射具有吸收现象，将这种原子吸收现象应用到化学定量分析，首先必须将试样溶液中的待测元素原子化，同时还要有一个强度稳定的光源，给出同样原子光谱辐射，使之通过一定的待测元素原子区域，从而测出其消光值，然后根据消光值对标准溶液浓度关系曲线，计算出试样中待测元素的含量。

原子吸收法是测量试样中的金属元素含量时的首选方法，其特点是：适用范围广，目前可测定 70 余种元素；选择性好，抗干扰能力强；灵敏度高，火焰法 μg/mL，石墨炉法 ng/mL；分析速度快，化学处理和测定操作简便，易于掌握。缺点是不能实现多种元素同时测定，线性范围窄，对样品前处理要求高。

（二）技术要点

要保证原子吸收分光光度计能够高效、准确、稳定地工作，操作者必须熟悉仪器的调试工作原子吸收分光光度计的调试工作主要有以下几项内容：光源位置（外光路）；光学系统（内光路）；原子化系统；电气；仪表板上各参数的选择，如扩展倍数、工作曲线校准、狭缝等。

1. 光源调节

在安装和拆换元素灯过程中稍不留意，光轴偏移，容易造成光能量损失，从而极大地降低测试稳定性和灵敏性。因此，操作者必须能及时发现并解决光偏的问题。如果光轴偏移，一般情况下应再细心调节灯座上的调节螺丝；若仍然偏差大，检查灯座是否推放到位，灯是否安装平稳合适；若是新购的灯，检查光窗是否清洁透明，窗口是否平滑，有无折光现象，当发现光窗被玷污，必须用干净的镜头纸擦拭。若以上情况未发现或发现后处理了，仍不解决问题，所用的灯又是常用的正常灯，不妨将元素灯从灯座上取下，变换一下方位套入灯座，再调节螺丝。需要提醒注意的是，在移动、拆装元素灯过程中必须轻拿、轻放、轻移，绝不允许振动，以免损坏阴极灯。

2. 原子化系统调节

这部分工作包括两个内容：一是雾化效率的调节；二是燃烧器位置的调节。目前国产仪器普遍采用石英玻璃喷雾器，这种喷雾器在出厂前已调节好，使用时只需选择合适的毛细吸管的口径即可。燃烧器位置的调节比较复杂，也是关系测量工作能否实现的重要一环。燃烧器位置调节简单来说就是要使光轴中心线平行且正好通过燃烧器的原子化区中心。具体调试步骤如下。

（1）降低燃烧头高度至光束下面。

（2）将对光板放在燃烧头的缝隙上沿缝隙移动，调节燃烧头的旋转柄使缝隙与光束平行，并使缝隙处于光束的正下方。

（3）旋动燃烧器上下调节钮，使燃烧器慢慢上升直至能量刚有变化。

（4）再将旋钮逆时针方向转动半圈，使燃烧器进一步降低，这是许多元素分析的最佳高度，即光斑的中心在对光板上高 5mm 左右。

（5）吸喷一份标准溶液，慢慢旋动燃烧器前后调节钮，直到获得最大吸光度值。但有时可能要抛弃最好的灵敏位置，以保证实际测试的可行性和稳定性。这也要求操作者平时注意总结经验。

（三）注意事项

1. 采用火焰原子吸收光谱法测定的注意事项

（1）检查雾室的废液是否畅通无阻，如果有水封，一定要设法排除后再进行点火。

（2）防止"回火"，点火的操作顺序为先开助燃气、后开燃气；熄灭顺序为先关燃气，待火熄灭后再关助燃气。一旦发生"回火"，应镇定，迅速关闭燃气，然后关闭助燃气，切断仪器的电源。若回火引燃了供气管道及附近物品时，应采用二氧化碳灭火器灭火。

2. 采用石墨炉原子吸收光谱法测定时的注意事项

（1）主要注意冷却水的使用，首先接通冷却水源，待冷却水正常流通后方可开始执行下一步的操作

（2）空心阴极灯的维护。当发现空心阴极灯的石英窗口有污染时，应用脱脂棉蘸无水乙醇擦拭干净。

（3）供气管道的检漏。当发现有漏气时，可采用简易的肥皂水检漏法或检漏仪检漏。

（4）燃烧器的维护。当燃烧器的缝口存积盐类时，火焰可能出现分叉，这时应当熄灭火焰，用滤纸插入缝口擦拭、用刀片插入缝口轻轻刮除积盐或用水冲洗。

（5）雾化器毛细管的检修。当雾化器的毛细管被堵塞时，可用软而细的

142

金属丝疏通或用洗耳球从出样口吹出堵塞物。

二、原子荧光

（一）方法原理

原子荧光光谱法是原子光谱法中的一个重要分支，是介于原子发射和原子吸收之间的光谱分析技术，它具有一些独特的优点，如谱线简单、灵敏度高、检出限低、线性范围宽，适用于多元素同时测定等。把氢化物发生技术与原子荧光分析法的结合使之成为一种具有较大实用价值的分析技术，这是因为氢化物可以在氩氢焰中得到很好的原子化，而氩氢焰本身又有很高的荧光效率以及较低的背景，这些因素的结合使得采用简单的仪器装置即可得到很好的检出限。原子荧光光谱是气态自由原子吸收光源（常用空心阴极灯）的特征辐射后，原子的外层电子跃迁到较高能级，然后又跃迁返回基态或较低能级，同时发射出与原激发波长相同或不同的发射光谱即为原子荧光。原子荧光是光致发光，也是二次发光。

较高的灵敏度和较低的检出限，原子荧光的强度与激发光源的辐射强度成正比，所以可以通过增大激发光源的辐射强度来提高灵敏度，具有很高的灵敏度，并且由于检测器与入射光成一定的角度，降低了噪音，提高信噪比，所以具有较低的检出限。原子荧光的谱线基本上都在紫外区，比较简单，检测器采用日盲的光电倍增光，光谱干扰小，无基体干扰。线性关系良好，分析曲线线性范围能到达 3 个数量级以上，保证了实际测定和应用的准确性。

（二）原子荧光技术要点

1. 原子化器的观察高度

原子化器观察高度是影响检出信号的一个重要参数。降低原子化器观察高度，检出信号有所增强（原子密度大），但背景信号相应增高；提高原子化器观察高度，检出信号逐渐减弱，背景信号也相应减小。

2. 负高压的选择

随着负高压的增大，信号强度增强，但噪声也相应增大，负高压过高过低信号强度值都不稳定。负高压为 300~350V 时，检出信号/背景信号相对强度最好。

3. 空芯阴极灯电流的选择

根据灯电流与检出信号强度的关系，灯电流为通常 60mA 时，所得的信背比最高，在能满足检测条件的情况下，应尽量采用低电流，同时不要超过最大使用电流，以延长灯的寿命。测汞时，电流选 10~15mA。空心阴极灯及时更换。

4. 载气、屏蔽气流速的确定

样品与硼氢化钾反应后生成的气态氢化物是由载气携带至原子化器的，因此载气流速对样品的检出信号具有重要作用。从实测的载气流速与检出信号相对强度的关系中可见，较小的载气流速有利于信号强度的增强，但载气流速过小不利于氢-氩焰的稳定，也难以迅速地将氢化物带入石英炉，过高的载气量会冲稀原子的浓度，当载气流速为 300~400mL/min 时，检出信号/背景信号相对强度最好。

5. 样品溶液的酸度

氢化物发生反应要求有适宜的酸度，盐酸浓度为 2%~5% 较为适宜。

6. 硼氢化钾溶液（2%）

现用现配或于冰箱中可保存 10 天。

7. 仪器稳定时间

仪器稳定时间应在 30min 以上。

（三）注意事项

1. 原子荧光空白过高

排查介质的选择及浓度的影响、酸的影响、还原剂的影响、灯电流的影响、载气的影响。

2. 污染和记忆效应问题

原子荧光光谱法是一种痕量和超痕量分析方法。因此,在测定较高含量样品时,应预先稀释后进行测定,如不慎遇到极高含量时(特别是 Hg)则管路系统将受到严重污染。

3. 测量无信号或信号异常(所有曲线测量值很小)

(1)仪器电路故障。判断方法:在灯能量显示处反射,有能量带变化,仪器电路正常。否则,仪器电路不正常。

(2)反应系统。管道堵、漏,水封无水、未进或者进不足样品和还原剂(检查进样管路),氢化物未进入原子化器。

(3)未形成氩氢火焰。还原剂是否现配、还原剂浓度、酸度不够,产生的氢气量太少,点火炉丝位置与石英炉芯的出口相距远。

(4)反应条件不正确。

三、电感耦合等离子体光谱

(一)ICP 电感耦合等离子光谱仪工作原理

ICP(即电感耦合等离子体)是由高频电流经感应线圈产生高频电磁场,使工作气体(Ar)电离形成火焰状放电高温等离子体,等离子体的最高温度 10 000 K。试样溶液通过进样毛细管经蠕动泵作用进入雾化器雾化形成气溶胶,由载气引入高温等离子体,进行蒸发、原子化、激发、电离,并产生辐射,光源经过采光管进入狭缝、反光镜、棱镜、中阶梯光栅、准直镜形成二维光谱,谱线以光斑形式落在 540×540 个像素的 CID 检测器上,每个光斑覆盖几个像素,光谱仪通过测量落在像素上的光量子数来测量元素浓度。光量子数信号通过电路转换为数字信号通过电脑显示和打印机打印出结果。ICP-AES 由高频发生器、蠕动泵进样的系统、光源、分光系统、检测器(CID)、冷却系统、数据处理等组成。

电感耦合等离子发射光谱法具有以下特点。

（1）选择性好。由于每种元素都有一些可供选用而不受其他元素谱线干扰的特征谱线，只要选择适当的分析条件，一次摄谱可以同时测定多种元素。可分析元素达 70 种。

（2）线性范围广，精密度好。在一般情况下，测定时检出限可精确到 mg/L，精密度为±10%左右，线性范围可达到 6~7 个数量级。

（二）电感耦合等离子体发射光谱分析技术要点

1. 配制 ICP 分析用的多元素贮备标准溶液注意事项

溶剂用高纯酸或超纯酸；使用光谱纯、高纯或基准物质；把元素分成几组配制，避免谱线干扰或形成沉淀。标准曲线浓度的选择要合适。

2. 环境影响

等离子体光谱仪属于精密光学仪器，对环境的温度有一定的要求，如果温度变化太大，光学元件受温度变化的影响就会产生谱线漂移，仪器寻峰不准，尤其是单道扫描型的仪器。

（三）注意事项

1. 雾化器的清洗

将连接进样管和废液管的接口取下，将雾化器取下，拆开，把喷嘴取出，浸泡到稀硝酸中，然后用去离子水冲洗干净，雾化室则用去离子水冲洗干净，组装即可。

2. 矩管的清洗

盐类沉积：长时间的检测会使得矩管口和矩管壁上附着一些盐类，长时间不清洗将会严重影响仪器的灵敏度，去除这些沉积物可将矩管喷嘴口浸泡到稀酸中。

碳沉积：将矩管放入马弗炉，敞开炉门，左右灼烧几分钟，待温度冷却后取出，用去离子水冲洗，烘干。

四、电感耦合等离子体质谱（ICP-MS）

（一）方法原理

电感耦合等离子体质谱仪，是一种将 ICP 技术和质谱结合在一起的分析仪器。ICP 利用在电感线圈上施加的强大功率的高频射频信号在线圈内部形成高温等离子体，并通过气体的推动，保证了等离子体的平衡和持续电离。在 ICP-MS 中，ICP 起到离子源的作用，高温的等离子体使大多数样品中的元素都电离出一个电子，从而形成了一价正离子。质谱是一个质量筛选和分析器，通过选择不同质核比（m/z）的离子通过来检测到某个离子的强度，进而分析计算出某种元素的强度。ICP-MS 是一种灵敏度非常高的元素分析仪器，可以测量溶液中含量在 μg/L 或 μg/L 以下的微量元素，被广泛应用于半导体、地质、环境以及食品检测等行业中。

（二）技术要点

1. 进样系统雾化器的维护

（1）由于雾化器中心的毛细管口径非常小，要求样品要溶解的彻底，不得含有沉淀或漂浮物，如果有少量沉淀要用滤膜进行过滤，否则容易堵塞雾化器。结盐可采用5%稀酸溶液或温水浸泡 12h。

（2）堵塞可采用氩气或者注射器反吹。严禁用金属丝、超声波清洗器处理，安装时不要过紧，否则容易造成灵敏度低，甚至损坏雾化器。

2. 进样系统中心管、雾化室、蠕动泵泵管的维护

（1）中心管。浸泡在20%的硝酸溶液中24h。

（2）雾化室。玻璃雾化室可采用20%的硝酸溶液浸泡清洗。雾化室一般比较稳定，一般属于免维护部件。

（3）蠕动泵泵管。每天查看泵管是否拉长变形，是否影响样品进样量。蠕动泵部分主要是泵管长期受到挤压和磨损容易消耗，因此，当上机结束后，要将泵夹松开以延长泵管的使用寿命，定期更换泵管。

3. 矩管

矩管是 ICP-MS 中比较容易积碳和积盐的位置，如果发生堵塞，可以将堵塞部位浸泡在 20%的硝酸溶液中 24h。如果矩管的气体连接管周围变为黄褐色，主要是由于有机物沉淀引起（气体管路中的增塑剂在高温下流失），对仪器性能没有影响，可以将矩管放入马弗炉中 500℃烘烤几小时，去除这些褐色沉淀物。最好不要采用超声波清洗器，以免破裂。

4. 采样锥和截取锥

（1）采样锥和截取锥的清洗。首选用棉棒蘸超纯水轻轻擦拭锥的正反两面，再用超纯水冲净后晾干使用。注意清洗时控制力度，不能破坏锥孔。将嵌片放入浓度为 10%硝酸中，然后用超声清洗器清洗 15min。

（2）洗净后检查锥孔的形状和大小，观察圆形锥孔是否变形、是否光滑，同时注意锥孔尺寸大小，如果采样锥孔径超过 1mm，截取锥孔径超过 0.4mm，则需要更换相应的锥。

5. 循环水和机械泵

（1）定期更换冷却水，每半年更换 1 次，同时滴加抑菌剂。每年检查 1 次水接头，防止漏水，必要时及时更换。

（2）每个月都应该检查机械泵油，以保证泵油液面处于最大、最小刻度线之间，而且泵油颜色正常、洁净。如果泵油脏了，需要及时更换，以保证仪器始终能维持良好的真空状态。应定期更换泵油。

第五节　典型方法

一、湿法消解-氢化物发生原子荧光光谱法测定食品中的总砷

1. 测试原理

食品试样经湿法消解处理后，加入硫脲使五价砷还原为三价砷，再加入

硼氢化钠或硼氢化钾还原成砷化氢，由氩气载入石英原子化器中分解为原子态砷，在高强度砷空心阴极灯的发射光激发下产生原子荧光，其荧光强度在固定条件下与被测液中的砷浓度成正比，与标准系列比较定量。

2. 试剂及仪器

（1）试剂。氢氧化钠（NaOH）、氢氧化钾（KOH）、硼氢化钾（KBH_4）、硫脲（$CH_4N_2O_2S$）、盐酸（HCl）、硝酸（HNO_3）、高氯酸（$HClO_4$）、双氧水（H_2O_2）、硫酸（H_2SO_4）、抗坏血酸（$C_6H_8O_6$）。

（2）试剂配制。

氢氧化钾溶液（5g/L）：称取5.0g氢氧化钾，溶于水稀释至1 000 mL。

硼氢化钾溶液（20g/L）：称取硼氢化钾20.0g，溶于1 000 mL 5g/L氢氧化钾溶液中，混匀。

硫脲+抗坏血酸溶液：称取5.0g硫脲，加约80mL水，加热溶解，待冷却后加入10.0g抗坏血酸，稀释至100mL，现用现配。

盐酸溶液（1+1）：量取200mL浓盐酸，缓缓倒入200mL水中，混合均匀。

硝酸溶液（5+95）：量取10mL浓硝酸，缓缓倒入190mL水中，混合均匀。

（3）标准溶液中间液的配制。

中间液10μg/mL：量取1mL 1 000 μg/mL砷标准溶液（经国家认证并授予标准物质证书的标准溶液）于100mL容量瓶中，使用硝酸溶液稀释至刻度，摇匀备用，即中间液10μg/mL。

中间液500μg/L：量取10μg/mL的中间液5mL于100mL的容量瓶中，使用硝酸溶液稀释至刻度，摇匀备用，即中间液500μg/L。

（4）仪器和设备。

移液管，量筒，天平（感量为0.1mg和1mg），组织匀浆机，高速粉碎机，控温电热板：50~200℃，玻璃器皿，聚四氟乙烯消解内管［需用硝酸溶液（1+4）浸泡24h，并用水反复冲洗，最后用去离子水充分冲洗干净］，原子荧光光谱仪。

3. 分析步骤

（1）试样预处理。在采样和制备过程中，应注意不使试样污染。粮食、豆类等样品去除杂物后粉碎均匀，装入洁净的聚乙烯瓶（袋）中，密封保存备用；蔬菜、水果、鱼类、肉类及蛋类等新鲜的样品，洗净晾干，取可食部分匀浆，装入洁净的聚乙烯瓶中，密封，于4℃冰箱冷藏备用。

（2）试样消解。准确称取1.0~2.5g样品（精确至0.001g），置于100mL的锥形瓶中，同时做两份试剂空白，加硝酸-高氯酸混合溶液20mL后，置于电热板上加热消解，若消解液处理至1mL左右时仍有未分解物质或色泽变深，取下放冷，补加硝酸5~10mL，再消解至2mL左右，如此反复两三次，注意避免炭化，继续加热至消解完全后，在持续蒸发至高氯酸的白烟散尽，冷却。将溶液转移至25mL容量瓶，加2mL硫脲+抗坏血酸溶液，定容后放置30min待测。按同一方法做空白试验。

（3）仪器参考条件。

伏高压：300V；砷空心阴极灯电流：60mA；原子化器高度：8mm，载气：氩气，载气流速：300mL/min，屏蔽气流速：800mL/min；测量方式：荧光强度；读数方式：峰面积。

（4）标准曲线制作。

标准系列溶液配置：

取100mL容量瓶6支，依次加入500μg/L砷标准中间液0mL、1.0mL、2.0mL、5.0mL、10.0mL、20.0mL（浓度分别为0μg/L、5.0μg/L、10.0μg/L、25.0μg/L、50.0μg/L、100.0μg/L），各加10.0mL浓硫酸，待溶液冷却后，各加入8mL硫脲+抗坏血酸溶液，加水定容后，放置30min后再进行测试。

仪器预热稳定后，将试剂空白、标准系列溶液依次引入仪器进行原子荧光强度的测定，以原子荧光强度为纵坐标，砷浓度为横坐标绘制标准曲线，得到回归方程。

（5）试样溶液的测定。相同条件下，将样品溶液分别引入仪器进行测定，根据回归方程计算出砷元素的浓度。

4. 分析结果的表述

试样中总砷含量按下式计算。

$$X = \frac{C \times V \times 1\,000}{m \times 1\,000 \times 1\,000}$$

X：试样中砷的含量（mg/kg）或（mg/L）；

C：试样被测液中砷的测定浓度（μg/L）；

V：试样消化液总体积（mL）；

m：试样质量（g）；

1 000：换算系数；

计算结果保留两位有效数字。

二、湿法消解–石墨炉原子吸收测定食品中的镉元素

1. 测试原理

试样经消解后，注入一定量样品消化液于原子吸收分光光度计石墨炉中，电热原子化吸收 228.8nm 共振线，在一定浓度范围内，其吸光度值与镉含量成正比，采用标准曲线法定量。

2. 试剂及仪器

（1）试剂。硝酸（HNO_3），高氯酸（$HClO_4$），磷酸二氢铵（$NH_4H_2PO_4$）。

（2）试剂配制。硝酸–高氯酸混合溶液（4+1）：取 4 体积的硝酸与 1 体积的高氯酸混合。

标准溶液中间液的配制：

中间液 10μg/mL：量取 1mL 1 000 μg/mL 镉标准溶液（经国家认证并授予标准物质证书的标准溶液）于 100mL 容量瓶中，使用硝酸溶液稀释至刻度，摇匀备用，即中间液 10μg/mL。

中间液 100μg/L：量取 10μg/mL 的中间液 1mL 于 100mL 的容量瓶中，使

用硝酸溶液稀释至刻度，摇匀备用，即中间液 100μg/L。

标准使用液 2μg/L：量取 2mL 100μg/L 中间液于 100mL 的容量瓶中，使用硝酸溶液稀释至刻度即 2μg/L 的标准使用液。

（3）仪器和设备。

移液管；量筒；天平（感量为 0.1mg 和 1mg）；组织匀浆机；高速粉碎机；控温电热板：50~200℃；玻璃器皿；石墨炉原子吸收分光光度计。

3. 分析步骤

（1）试样预处理。在采样和制备过程中，应注意不使试样污染。干试样：粮食、豆类，去除杂质；坚果类去除杂质、去壳；磨碎成均匀的样品，颗粒度不大于 0.425mm，储存于洁净的聚乙烯瓶（袋）中，密封保存备用；鲜（湿）试样：蔬菜、水果、鱼类、肉类及蛋类等新鲜的样品，洗净晾干，取可食部分匀浆，装入洁净的聚乙烯瓶中，密封，于 -18~-16℃ 冰箱保存备用。

（2）试样消解。准确称取 1.0~2.5g 样品（精确至 0.001g），置于 100mL 的锥形瓶中，同时做两份试剂空白，加硝酸-高氯酸混合溶液 20mL 后，置于电热板上加热消解，若消解液处理至 1mL 左右时仍有未分解的物质或色泽变深，取下放冷，补加硝酸-高氯酸混合溶液 5~10mL，再消解至 2mL 左右，如此反复两三次，注意避免炭化，继续加热至消解完全后，在持续蒸发至高氯酸的白烟散尽，冷却。将溶液转移至 25mL 容量瓶，用水定容至刻度，混匀待测。按同一方法做空白试验。

注意事项：

①称量样品时，应保证样品的均一性；冷冻样品应在能充分解冻后混匀称量。

②称量时，不要使样品沾在消解容器的内壁，以保证样品与消解液充分接触和消解完全。

③湿法消解一定在通风良好的通风橱中进行。

④采用湿法消解样品时，随时注意观察，防止样品炭化。

⑤含脂肪、糖类较多的样品，样品的取样量应适当减少，避免炭化和消解不完全。

（3）仪器参考条件。

波长 228.8nm，狭缝 0.5nm，灯电流 2~10mA，干燥温度 105℃，干燥时间 20s。

灰化温度 300℃，灰化时间 20~40s。

原子化温度 1 800 ℃，原子化时间 3~5s。

背景校正为氘灯或塞曼效应。

（4）标准曲线制作。标准系列溶液应不少于 5 个点的不同浓度的镉标准溶液，相关系数不应小于 0.995。

（5）试样溶液的测定。于测定标准曲线工作液相同的实验条件下，吸取样品消化液注入石墨炉，测定其吸光度，仪器系统根据所测定的标准系列的一元线性回归方程得到所测溶液中镉元素的浓度值，测定次数不少于两次，如测定结果超出标准系列的最高浓度值，应将待测液进行稀释后再进行重新测定。

4. 分析结果的表述

试样中镉含量按下式计算。

$$X = \frac{(c - c_0) \times V}{m \times 1\ 000}$$

X：试样中镉的含量（mg/kg）或（mg/L）；

c：试样被测液中镉的测定浓度（μg/L）；

c_0：空白液中镉的含量（μg/L）；

V：试样消化液总体积（mL）；

m：试样质量（g）；

1 000：换算系数；

计算结果保留两位有效数字。

三、微波消解–电感耦合等离子体质谱检测食品中的 7 种金属

引用标准 GB 5009.268—2016 食品安全国家标准食品中铜、锌、镍、砷、铅、镉、铬的测定。

1. 测试原理

试样经消解后，由电感耦合等离子体质谱仪测定，以元素特定质量数（质荷比，m/z）定性，采用外标法，以待测元素质谱信号与内标元素质谱信号的强度比与待测元素的浓度成正比进行定量分析。

2. 试剂及仪器

（1）试剂。硝酸（HNO_3），过氧化氢（H_2O_2，30%），氦气（≥99.995%），氩气（99.995%）或液氩。

（2）试剂配制。

硝酸溶液（5+95）：量取 10mL 浓硝酸，缓缓倒入 190mL 水中，混合均匀。

标准溶液中间液的配制。

中间液 1 000 μg/L：量取 1mL 100μg/mL 铁、锌、镍、砷、铅、镉、铬混合标准溶液（经国家认证并授予标准物质证书的标准溶液）于 100mL 容量瓶中，使用硝酸溶液稀释至刻度，摇匀备用，即中间液 1 000 μg/L。

标准使用液 50μg/L：量取 1 000 μg/L 的中间液 5mL 于 100mL 的容量瓶中，使用硝酸溶液稀释至刻度，摇匀备用，即中间液 50μg/L。

标准使用液 20μg/L：量取 1mL 1 000 μg/L 中间液于 50mL 的容量瓶中，使用硝酸溶液稀释至刻度即 20μg/L 的标准使用液。

（3）仪器和设备。

移液管；量筒；天平（感量为 0.1mg 和 1mg）；组织匀浆机；高速粉碎机；玻璃器皿；聚四氟乙烯消解内管［需用硝酸溶液（1+4）浸泡 24h，并用水反复冲洗，最后用去离子水充分冲洗干净］；电感耦合等离子体–质谱仪（ICP–MS）。

3. 分析步骤

（1）试样预处理。在采样和制备过程中，应注意不使试样污染。干试样：粮食、豆类，去除杂质；坚果类去除杂质、去壳；磨碎成均匀的样品，颗粒度不大于 0.425mm，储存于洁净的聚乙烯瓶（袋）中，密封保存备用；鲜（湿）试样：蔬菜、水果、鱼类、肉类及蛋类等新鲜的样品，洗净晾干，取可食部分匀浆，装入洁净的聚乙烯瓶中，密封，于-18~-16℃冰箱保存备用。

（2）试样消解。准确称取样品 0.2~0.5g（重量精确至 0.001g）或准确移取液体试样 1.00~3.00mL 于微波消解内罐中，加入 8mL 浓硝酸，放置过夜后，再加入 2mL 双氧水促进硝酸对样品的氧化分解，待溶液冷却后，放入已预热好的 80℃赶酸仪中，预消解 1h，待冷却后，盖好安全阀，放入微波消解仪中进行消解。待消解进程结束后，冷却，缓慢打开罐盖排气，使用少量的水冲洗内盖，将冷却好的溶液转移至 25mL 容量瓶中，定容后放置 30min 待测。按同一方法做空白试验。

注：蔬菜、水果等水分含量高的样品称取 1.0~2.0g；豆类、肉类等脂肪含量高的样品称取 0.2g 左右；粮食、鱼类可称取 0.5~1.0g。

注意事项：

①称量样品时，应保证样品的均一性；冷冻样品应在能充分解冻后混匀称量。

②称量时，不要使样品沾在消解容器的内壁，以保证样品与消解液充分接触和消解完全。

③含脂肪、糖类较多的样品，样品的取样量应适当减少，避免消解不完全。

（3）仪器参考条件（表6-4）。

表6-4　仪器参考条件

参数名称	参数	参数名称	参数
射频功率	1 500 W	雾化器	同心雾化器
等离子体气流量	15L/min	采样锥/截取锥	镍/铂锥
载气流量	0.80L/min	采样深度	8~10mm
辅助气流量	0.40L/min	采集模式	跳峰（spectrum）
氦气流量	4~5mL/min	检测方式	自动
雾化室温度	2℃	每峰测定点数	1~3
样品提升速率	0.3r/s	重复次数	2~3

（4）分析模式（表6-5）。

表6-5 分析模式

序号	元素名称	元素符号	分析模式
1	砷	As	碰撞反应池
2	铜	Cu	碰撞反应池
3	镉	Cd	碰撞反应池
4	铬	Cr	碰撞反应池
5	镍	Ni	碰撞反应池
6	铅	Pb	碰撞反应池
7	锌	Zn	碰撞反应池

（5）待测元素和内标元素推荐选择的同位素和内标元素（表6-6）。

表6-6 待测元素和内标元素推荐选择的同位素和内标元素

序号	元素	m/z	内标
1	As	75	$^{72}Ge/^{103}Rh/^{115}In$
2	Cu	63/65	$^{72}Ge/^{103}Rh/^{115}In$
3	Cd	111	$^{72}Ge/^{103}Rh$
4	Cr	52/53	$^{45}Sc/^{72}Ge$
5	Ni	60	$^{72}Ge/^{103}Rh/^{115}In$
6	Pb	206/207/208	^{209}Bi
7	Zn	66	$^{72}Ge/^{103}Rh/^{115}In$

（6）标准曲线制作。使用标准使用液配制标准系列，因食品中各元素含量差异较大，应根据具体样品适当的选择标准曲线各点浓度。

（7）试样溶液的测定。将空白溶液和试样溶液分别注入ICP-MS中，测定待测元素分析谱线强度的信号响应值，根据标准曲线得到消解液中待测元素的浓度。

（8）分析结果的表述。试样中镉含量按下式计算。

$$X = \frac{(c-c_0) \times V \times f}{m \times 1\,000}$$

X：试样中各元素的含量（mg/kg）或（mg/L）；

c：试样被测液中各元素的测定浓度（μg/L）；

c_0：空白液中镉的含量（μg/L）；

V：试样消化液总体积（mL）；

m：试样质量（g）；

f：试样稀释倍数；

1 000：换算系数。

第六节　总　　结

一、标准曲线的建立

1. 考虑线性范围和相关性

标准曲线最低点应设置在检出限附近，考虑样品中重金属含量和称样量，样品的测定值应该落在标准曲线的线性上。标准曲线的相关系数应在 0.999 以上。

2. 标准系列的配制及存放时间

为减小由于标准配制产生的误差，应从较高浓度的储备液逐步稀释至工作标准溶液。标准系列应在测定时现配，不能隔日使用，尤其是镉、汞的标准系列，超过半日后不能使用。

二、试验中使用的试剂与材料

1. 水

实验中用水均按照 GB/T 6682 的规定，ICP-MS 使用一级水，原子吸收可使用二级水，建议使用一级水。

2. 试剂

使用优级纯、重蒸酸或更高级别的酸。

3. 玻璃器皿和容器

使用玻璃器皿要用 30% 硝酸溶液浸泡 24h，也可用硝酸溶液煮玻璃器皿，临用时用去离子水冲洗干净，避免污染，提高测量的稳定性。

第七章　结果报送

省级农产品质量安全监测结果统一通过"山东省农产品质量安全监测系统"上报，上报后再按通知要求准备上报必要的纸质材料。

一、系统信息及结果上报

1. 登录

（1）浏览器中输入网址 http：//iats. ronganfarm. com/detectionTask/Setup 或者进入山东省农业科学院质量标准研究所官网点击"山东省农产品质量安全监测上报系统"。

（2）输入账号、密码即可登录使用。

2. 监测任务—风险监测

用例说明：风险监测任务包括例行监测和专项监测任务，接收到该类任务请执行以下操作。

（1）任务接收。点击"检测任务"进入到任务列表界面。

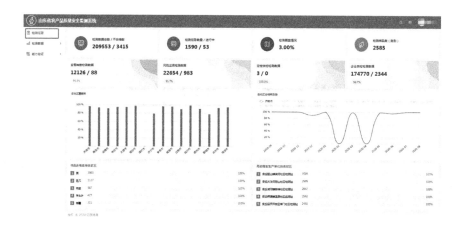

点击操作栏"查看"可查看任务详情。

在任务详情页面底部选项"拒绝　确认并接受",点击"确认并接受"表示接受任务并准备开始任务。

（2）信息上报。点击操作栏内"查看 上报"中的"查看"进行任务查看，点击"上报"进行内容上报。

"监测信息"为任务信息内容，"样品信息"为需填写项，请填写正确信息。

点击右上角"保存"可进行任务信息保存及上报。

（3）检测结论上报。

信息上报页面左下角为检测结论填写部分，点击"点击展开填写检测结论"进行上报。

点击右上角"保存"可进行检测结论保存及上报。

（4）报告上传。点击"检测任务"进入到任务列表界面。

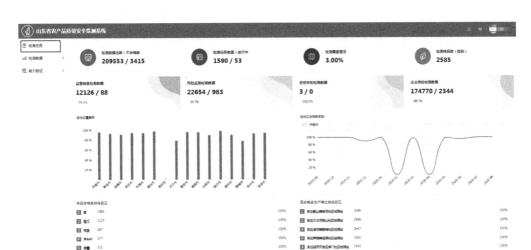

点击操作栏"上传报告"将总结分析报告（模板见任务通知）、超标样品正式报告、原始记录、图谱等盖章扫描后以 PDF 格式上传。

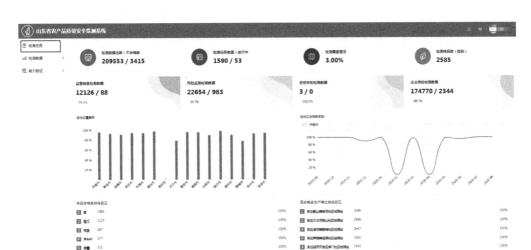

3. 监测任务——监督抽查

用例说明：监督抽查任务包括例行监督抽查、专项监督抽查和重点时段监督抽查，接收到该类任务请执行以下操作。

（1）任务接受。系统中监督抽查任务接受操作方法与风险监测相同。

（2）分配任务。监督抽查任务要求任务接受单位对进行相关分配。

点击操作栏"查看 分配"中的"分配"按钮，可进入分配界面。

在"分配地区"中点击"添加"按钮可进行分配地区添加。

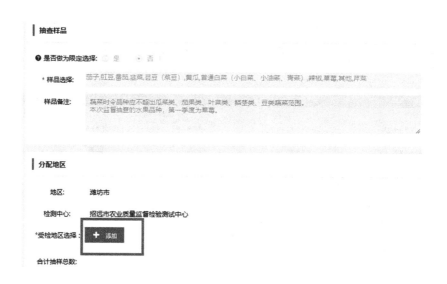

在分配页面请填写受检地区与分配的抽样数量，如对具体样品品种有限制，则将需要限制的样品品种由"不做限制"改为具体的"限制数量"，其中"各单品限制数量的总和"不能大于"分配抽样总数"。

分配完成后，点击保存即可。

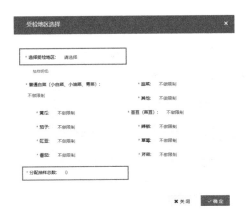

（3）信息及检测结论上报。系统中监督抽查信息及检测结论上报方法与风险监测相同。

（4）报告上传。系统中监督抽查报告上传操作方法与风险监测相同。

4. 注意事项

（1）例行风险监测的样品编号，请以数字递增的方式填写，勿前缀检测中心特有编号格式。

（2）受检单位的填写。请先输入受检单位名称搜索，选择提示项，若无提示项，点击"新增"添加新的受检单位。

（3）已填写检测结论的检测数据暂不支持修改或删除，请认真填写数据。

（4）接受任务后需要分配的任务，请点击"分配"为下级地区分配抽样数量，保存后即可开始上传检测数据。

（5）任务信息及结论及时上报，在文件规定时间内完成上报。

（6）受检单位地址填写要详细，地址需具体到乡镇、村，严禁只填写单位名称或者简写。

（7）受检单位名称填写要准确，企业、基地、超市等要严格按照营业执照填写，严禁随意填写、简写；散户要按照"地址+姓名"模式填写。

（8）样品名称要名称填写要规范，蔬菜名称参 GB 2763—2019 附录 A 中"中文名称"，严禁使用俗名、别名。

二、纸质材料报送

每次监测任务完成，各承检机构要按省厅任务通知要求将总结分析报告、超标样品正式报告、原始记录、图谱等盖章后上报汇总单位。

第八章 质量控制

质量控制是用现代科学管理技术和数理统计方法来控制分析实验室的质量，将分析的误差控制在允许限度内，保证分析结果的精密度和准确度，使分析结果、数据在给定的置信水平内有把握达到所要求的质量。

第一节 基础知识

一、内部质量控制

与控制分析和随后必要的纠偏活动相关的检验检测机构质量控制工作。

二、测量准确度

测量结果与被测量值真值之间的一致性程度。

三、检测

按照规定程序，由确定给定产品一种或多种特性进行处理或提供服务所组成的技术操作。

四、分析样品

通过分离、混合、粉碎、细剁等方法从检验检测机构样品中制备的，具有最小取样误差的分析样品。

五、控制样品

已知样品成分含量，可用于重复性测试及控制测试过程准确度的样品。

六、空白试验

空白试验是在不加样品的情况下，用与测定样品相同的方法、步骤进行定量分析，把所得结果作为空白值，从样品的分析结果中扣除。这样可以消除由于试剂不纯或试剂干扰等所造成的系统误差，是分析化学实验中常用的一种方法，它可以减小实验误差。

空白试验是检验检测机构日常分析过程中质量控制的自控手段之一，主要目的是为了检查水、试剂和其他条件是否正常。一般是在样品分析的同时，加带空白。空白值的大小和分散程度取决于水和试剂的纯度、器皿的洁净度、检验检测机构环境的污染情况和分析设备使用状况及分析人员的水平与经验等因素。

七、检出限

检出限是指由特定的分析方法能够合理地检测出的最小分析信号求得的最低含量或质量。

1. 仪器检出限

是指分析仪器能够检测的被分析物的最低量或浓度，这个浓度与特定的仪器能够从背景噪音中辨别的最小响应信号相对应。一般把 3 倍空白值的标准偏差或 3 倍信噪比相对应的质量或浓度作为仪器检出限。分析 20 个代表性空白样品，记录目标分析物出现区域的噪声数值（信号、峰等）计算其平均值，3 倍噪声数值的平均值对应的样品浓度即为仪器检出限。

2. 方法检出限

方法检出限是以仪器检出限为基础，制备适当的浓度梯度的有证标准物质或标准添加样品，在一定时间间隔内不少于 12 次的测定，计算每个样品测定值的标准偏差，以标准偏差对含量作关系曲线，利用该曲线外推计算该方法的检出限。

八、定量限

定量限是指样品中被测物能被定量测定的最低量，其测定结果应满足该最低量时正确度和精密度要求。

方法的定量限：以不低于 3 倍检出限或 10 倍信噪比对应的质量浓度作为方法的定量限。方法的定量限应满足以下条件：定量限加样品关注浓度水平的 3 倍标准偏差应小于关注的浓度水平（如容许限量），方法的定量限应不超过关注浓度水平（如容许限量）的 1/2，定量限应采用同样浓度水平的有证标准物质、标准物质或标准添加样品进行验证，其正确度和精密度应满足该浓度水平下方法正确度的回收率范围和重现性条件下精密度的要求。

九、标准添加

标准添加是指向待测样品中加入已知量的待测物，用于验证方法正确度和精密度。

十、回收率

回收率是指分析测定回收的待测物占实际待测物含量的百分比。

十一、校准曲线及线性检验

校准曲线是指通过测定一系列已知组分的标准物质的某理化性质，而得到的性质的数值曲线。一般依据 4~6 个浓度单位所获得的测量信号值绘制校准曲线。在特殊的情况下，如电感耦合等离子体原子发射光谱法，由于光源稳定性高，校准曲线的线性范围宽，可以用 2 个浓度单位所获得的测量信号值绘制校准曲线（或称二点标准化）。对于部分方法如石墨炉原子吸收法，可适当放宽 $|r| \geqslant 0.99$，具体应以方法标准要求为准。

十二、平行双样

平行双样又称平行样，是指在农产品质量安全样品检测过程中两个相同子样的样品。测定平行样是实施质量保证的一项措施。平行样的测定结果在一定程度上反映了检测工作的精密度水平。进行平行双样的测定，有助于减少偶然误差，也有助于估计同批测定的精密度。

十三、精密度

在规定的条件下，相互独立测定结果间的一致程度。精密度的量值通常以测定结果的标准差来表示；与样品的真值无关，精密度在很大程度上与测定条件有关，通常以重复性和再现性表示。

重复性或再现性的表征参数可以用标准偏差表示。在残留分析中，一般采用相对偏差表示。

1. 重复性

在同一实验室内，由同一操作人员，使用同一仪器，并在短期内从同一被测对象取得相互独立测试结果的一致程度。

2. 再现性

在不同实验室，由不同的操作人员使用不同的设备，按相同的测试方法，从同一被测对象获得相互独立测试结果的一致程度。

第二节　质量控制内容

农产品质量安全检验检测机构在监测农产品中农药残留、重金属、毒素等时需要开展质量控制。影响质量控制的主要因素有"人、机、料、法、环、测"6个方面。人，指从事检验检测相关人员；机，指检验检测所用的设备、试剂、标准物质等；料，指检验检测所用的样品；法，指检验检测所用的检测方法；环，指检验检测过程中所处的环境；测：指检验检测的数据和结果。

为保障检验检测工作在良好的条件中检测出准确的结果，一般质量控制的内容如下。

一、人员的质量控制

检验检测机构应有与其进行检测活动相适应的检测技术人员和管理人员。检测技术人员主要包括样品抽样、样品管理人员，检测操作人员，结果验证或核查人员，监督员等。管理人员包括管理层、技术负责人、质量负责人、授权签字人、内审员、仪器管理员等。质量管理是在检验检测时，与工作质量有关的相互协调的活动，通常包括制定质量方针和质量目标以及开展质量策划、质量控制、质量保证和质量改进等活动，质量管理可保证技术管理、规范行政管理。技术管理是从识别客户需求开始，将客户的需求转化为过程输入，利用人员、环境、设施、设备、计量溯源、外部供应品和服务等资源开展检验检测活动，通过合同评审、分包（外部提供的检验检测活动）、方法选择、抽样、样品处置和结果质量控制等检验检测活动得出数据和结果，形成检验检测报告或证书的全过程管理。技术人员和管理人员的结构和数量，应满足工作类型、工作范围和工作量的需要，与教育程度、理论基础、技术背景和经历、实际操作能力、职业素养等有关。

抽样、制样、流转、保存、检测分析、结果上报等各环节操作人员的技术水平直接影响检测数据的准确性。为了保证检测结果的准确性，需使检测流程标准化和规范化，需加强对相关人员各环节操作的质量控制，因此，对相关人员质量控制主要包括 3 个环节，一是持证上岗，二是持续培训，三是日常质量监督。

（一）持证上岗

检验检测机构要求所有抽样、制样、检测、签发检验检测报告、仪器设备操作等人员都必须持证上岗。上岗前的资格确认方式根据工作的复杂程度、个人学历及工作能力确定。上岗证的授权必须明确、具体，如授权抽样、签发某范围的报告、操作的某台仪器设备和检测项目。

（二）持续培训

为确保实验室上岗人员持续具备相关能力，需制定人员长期和短期培训计划，提高专业知识和技能。培训内容主要包括基础理论知识和实际操作能力。培训的原则是干什么学什么，缺什么补什么，学用一致，专业对口，按需培训，以岗位培训为主，覆盖抽样、样品制备、仪器设备的使用、维护、保养、检测过程的安全操作、应急处理技术、检测数据处理等，检测机构对培训活动的有效性进行评价。

（三）日常质量监督

日常质量监督主要是检验检测机构监督员在日常工作中对实习人员、转岗人员、操作新设备或采用新方法的人员进行重点监督，是保证实习人员初始工作能力和上岗后的检验检测人员持续工作能力的有效方法。监督员由熟悉检验检测目的、程序、方法和能够评价检验检测结果的人员担任。可采用观察现场试验、核查检验检测记录和报告、评审参加质量控制的结果和面谈等形式进行质量监督，监督应有记录，监督员应对被监督人员进行评价，确保不会对检验检测机构的质量管理体系、检测结果质量等造成不利影响。

二、设备和设施的质量控制

仪器设备和设施的质量控制主要包括五个方面：一是设备设施的配备；二是设备设施的维护；三是仪器设备的检定校准及期间核查；四是仪器设备的控制管理；五是实验材料的质量控制。

（一）设备设施的配备

应满足检验检测活动的需要，包括满足抽样、物品制备、数据处理与分析要求的设备和设施。用于检验检测的设备和设施应有利于检验检测工作的正常开展。

（二）设备设施的维护

检验检测机构应建立设备设施管理程序，对所有检验检测设备和设施的配置、使用、维护、安全处置、运输、存储等作出规定，明确仪器维护项目和保养周期，定期做好保养并做好保养记录，以防止设备设施的污染和性能退化，满足检验检测工作需要。

（三）仪器设备的检定校准及期间核查

检验检测机构在制定和实施检定、校准计划时，应关注检验检测所需要的参数、关键量值及关键量程的检定、校准，应列入检定、校准设备一览表予以明示，对检定或校准的结果进行计量确认，确认满足标准方法要求后方可使用。校准结果产生的修正信息包括：修正因子、修正值、修正曲线，并在校准结果确认时予以应用。设备期间核查是在两次检定或校准期间至少进行一次，核查设备的检定或校准状态的稳定性，期间核查的方式包括仪器比对，方法比对、标准物质验证（包括加标回收）、单点自校、用稳定性好的样件重复核查等进行。进行期间核查后应对数据进行分析和评价，如经分析发现仪器设备已经出现较大偏离，可能导致检测结果不可靠时，应按相关规定处理（包括重新校准），直到经验证的结果是满意时方可投入使用。

（四）仪器设备的控制管理

仪器设备的标识管理是检查仪器设备处于受控管理的有效措施。对结果有影响的设备及其软件，加以唯一性标识和状态标识。状态标识应包含必要的信息，如检定校准日期、有效期、检定校准单位、确认人等。对于影响检测工作质量、又不需要检定或校准的仪器设备需要进行核查，检查其功能是否正常，是否满足检验检测的规范要求。功能正常的设备实施标识管理。编制核查操作规程和评价指标，有核查记录及评价结论。

（五）实验材料的质量控制

实验材料的质量控制主要包括：试验用水、试验试剂、试验耗材、标准物质等消耗性材料。这些材料的品质及稳定性是决定农产品质量检测过程质量控制的关键环节。

1. 试验用水

实验室用水需要定期检验，按照 GB/T 6682《分析实验室用水规格和试验方法》规定检查，满足实验需求方可使用。按照国家标准，实验室水分为 3 个等级，在验收中根据检测需要进行检查验收。重金属等元素分析实验用水应满足 GB/T 6682 中二级水标准，电感耦合等离子体质谱（ICP-MS）分析时应满足一级标准要求。试验用水的贮存期间，由于水样污染的主要原因是聚乙烯容器可溶成分的溶解或吸收空气中的二氧化碳和其他杂质。因此，一级水应现用现制，不贮存。二级水经适量制备后，盛装在预先经过同级水充分清洗过的、密闭的聚乙烯容器中，并放置在空气清新的洁净实验室内。

2. 实验试剂、耗材

实验中使用的盐酸、硝酸、高氯酸及其他化学试剂等要求分析纯（含分析纯）以上，乙腈、丙酮、甲醇等用色谱纯，在使用前进行符合性检查，确保所购买的所有影响检测结果的试剂、耗材验收符合要求，并保存有关符合性检查的记录。验收可通过空白试验、检测质量控制样品等方式来实施。

3. 标准物质

标准物质是农产品定量检测的准绳，其质量控制的核心是保证标准物质的相对纯度和有效性。

（1）标准物质的选择。采购标准物质时，首先选择具有国家标准物质生产许可证，由计量部门出具证书证明其级别和不确定度，在保质期内，有标准物质证书且品质、纯度符合检测结果的要求。

（2）标准物质的验收。标准物质的验收内容包括：品名与购买要求是否一致；包装、外观是否正常；标识是否清晰、完整；有无证书；是否在证书声明有效期内等。标准物质购买验收后登记受控管理，登记内容包括：名称、编号、研制和生产单位、规格、数量、成分、生产日期、有效期、保存条件等。

（3）标准溶液的配制。固体标准物质配制时，天平最小读数为0.001%（0g），称量时要快、准，不能用称量纸称量，溶解和定容所用溶剂与样品预处理所用溶剂相同。如果标准品或标准物质是液体，按照操作规程配制。在配制混合标准溶液时要依据各组分响应值的大小，取不同量配制，使各组分响应值大致持平。

（4）标准物质的保存和使用。配制好的标准溶液应使用能密闭的硬质玻璃瓶或塑料瓶封口保存，不得保存在容量瓶中；标准工作溶液应在每次实验时现用现稀释，在有效期内使用；标准储备溶液应低温保存，用前充分摇匀，适量倾出于干燥洁净的容器中，放在室温下平衡温度后使用，剩余部分不得倒回原瓶；对光敏感的溶液应保存在棕色瓶中，塞紧后保存于阴凉避光处；标准溶液标签至少标注名称、编号、配制日期、介质、浓度、有效期、配制人等；在使用时，发现浓度降低或增加时，必须立即停止使用，及时追溯使用该标准物质产生的结果，确定这些结果的准确性。

（5）标准物质期间核查。

①有证标准物质：有证标准物质期间核查时只需对照证书要求，主要对包装、物理性状、储存条件、有效期等进行期间核查即可满足要求。对于一次性不能用完的，还要关注其密封状态，以确保在满足要求使用。

②无证标准物质：使用已知的、稳定可靠的有证标准物质进行期间核查，无法获取有证标准物质时，可以选用以下方式进行核查：通过实验室内比对确认量值、送有资质的校准机构校准、测试近期参加过的水平测试结果满意的样品和使用质量控制样品等。

③标准储备液核查：检查标准储备液是否在有效期内、保存条件是否符合要求、容器是否有损坏、有无沉淀、变色等现象。必要时，通过上机测试并比较与前次的峰形和峰面积来确认标准储备液的有效性。

三、对样品的控制

样品的控制包括抽样、制备、保存、全过程的控制。

（一）抽样质量控制

1. 抽样人员

风险监测抽样时，抽样人员要与受检单位人员共同确认样品的真实性和代表性，在现场认真填写抽样单，准确记录抽样的相关信息，两名抽样人员签字确认。监督抽查采用抽检分离的原则，抽样工作由当地农业农村行政主管部门或其执法机构负责，检测机构根据需要协助抽样和样品预处理等工作。

2. 样品名称的规范性及抽样量

蔬菜抽样时，样品名称参考 GB 2763 附录 A 中"中文名称"，严禁使用俗名、别名，书写要清晰、工整。随机抽取无明显於伤、腐烂、无淤泥的样品，抽取不同样品时要保证不受二次污染。并且在农药安全间隔期内的产品不能抽取（禁限用农药专项抽检除外），抽样量按 NY/T 789《农药残留分析样本的采样方法》规定执行。

3. 保存

抽取的样品放入聚乙烯塑料袋中密封保存，对于执法检查的样品，要加贴封条。封条注明封样时间、抽样人员与受检人员双方签字。

4. 抽样袋

加贴样品的标识，包括样品名称、样品编号的信息。

（二）样品的制备、运输与交接

（1）所抽样品可用软毛刷刷掉附着在表面的污泥、杂质等，并按照 NY/T 789 标准要求进行缩分，每个样品至少制备 2 份，1 份用于检测，1 份用于备份，样品量应满足检测、复测的需要，监督抽查的样品要制备 3 份，分正样、副样、备样，并粘贴封条。样品制备按照相关标准及作业指导书要求操作。

（2）制备好后的样品于−18℃的冷柜保存。在冷冻状态下运输，必要时，记录运输过程中的温度。

（3）抽样样品到达实验室后，接收人员应检查抽样样品的性状及相关资料的符合性和完整性，接受时有样品交接记录，对样品编号登记并加施唯一性标识；到达实验室后如不能立即检测的样品应在-18℃以下的冷柜保存，并连续监控温度。

四、检测方法的质量控制

在检测前，采用的检测方法既要满足客户需要又要适合所进行的检测工作需求；推荐采用国际标准、国家标准、行业标准；保证所采用的标准最新有效。

在前处理时，首先考虑不同参数的前处理方法差异与要求等，标准物质基质类型和数量的选择，标准物质含量水平与考核样品是否一致。

检测方法验证的技术要求

实验室应对首次采用的检测方法进行技术能力的验证。农药残留检测需验证校准曲线、定量限（LOQ）、回收率、正确度和精密度等方法性能。

1. 校准曲线

至少要做 5 个点（不包括空白）；线性相关系数应大于 0.99，测试溶液中被测组分质量浓度必须在校准曲线的线性范围内；不稳定项目每次测试都应制作校准曲线；较稳定项目可在一定时间内使用同一校准曲线，但每次测试应取单点校准。

2. 检出限的验证

对于有容许限量规定的目标分析物，每一个浓度水平独立检测 10 个有证标准物质或标准添加样品，检出概率为 50% 时的浓度水平即为方法的实际检出限。对于规定为不得检出的目标分析物，每一浓度水平独立检测 20 个有证标准物质或标准添加样品，检出概率为 95% 时的浓度水平即为方法的实际检出限。

3. 回收率

是农药残留分析中常用的方法验证手段之一。加标回收分为空白加标回收和样品加标回收。

（1）空白加标回收。在没有被测物质的空白样品基质中加入定量的标准物质，按样品的处理步骤分析，得到的结果与理论值的比值，即为空白加标回收率。

177

（2）样品加标回收。相同的样品取两份，其中一份加入定量的待测成分标准物质。两份同时按相同的分析步骤分析（包括提取、净化、上机测定），加标的一份所得的结果减去未加标一份所得的结果，其差值同加入标准物质的理论值之比，即为样品加标回收率。添加分析物浓度水平如下（表8-1）。

①对于不准使用的添加剂、禁用药物或农药以及非法添加物，3个添加标准浓度水平建议选择为：LOQ、2LOQ、10LOQ。

②对于有最大使用限量的添加剂或有最大残留限量（MRL）的药物，建议选择添加标准浓度水平为：1/2MRL、MRL、2MRL。

③对多组分检测方法，可能涉及的分析物有不同的 MRL 时，可选择1/2 MRL（多组分中最低的 MRL）、MRL（多组分中最低的 MRL）、2MRL（多组分中最大的 MRL）。

表8-1　不同添加水平对回收率、相对标准差的要求

添加水平（mg/kg）	回收率范围（%）	相对标准差（RSD）（%）
≤0.001	50~120	≤35
0.001~0.01	60~120	≤30
0.01~0.1	70~120	≤20
0.1~1	70~110	≤15
>1	70~110	≤10

4. 精密度

精密度有3种表示方法。

（1）当精密度用绝对项表示时，在重复性条件下两次独立测试结果绝对差值不大于……。

（2）相对标准偏差（RSD）也称变异系数。在进行添加回收率试验时，对同一浓度的回收率试验必须进行至少5次重复。平行试验偏差与添加浓度有关，添加浓度越低，允许偏差越大。

（3）当精密度与分析浓度有关时，在重复性条件下获得的两次独立测试结果的绝对差值，不超过重复性限（r）。

5. 精密度判定实例

在 NY/T 761—2008 方法标准中，甲胺磷添加量是 0.05mg/kg（x_1）时，重复性限（r）为 0.002 9（y_1）；添加含量是 0.1mg/kg（x_2）时，重复性限（r）为 0.008 0（y_2），当两次平行结果分别为 0.088mg/kg 和 0.092mg/kg 时，平均值（x）为 0.090mg/kg，利用线性内插法计算此次平行测定结果的重复性限，与平行测定的绝对差值比较，以此判定此次测定精密度是否符合要求。

$$Y = y_1 + (y_2 - y_1) \times (x - x_1) / (x_2 - x_1)$$

$$Y = 0.002\ 9 + (0.008\ 0 - 0.002\ 9) \times$$

$$(0.09 - 0.05) / (0.1 - 0.05) = 0.006\ 98$$

0.092 - 0.088 = 0.004　小于 0.006 98，符合要求。

五、检测环境的质量控制

设施和环境条件是直接影响检测结果的要素之一，设施和环境条件应该与所进行的工作类型相适应，并具备对环境条件进行有效监测和控制的手段，这些设施和环境条件以及监控手段是保证检测工作正常开展的先决条件。检测工作中，应对天平室、样品储存室、前处理室和仪器室及实验室的设施条件包括场地、能源、照明、采暖、通风等环境进行控制，保证实验室设施和环境条件应满足相关法律法规、技术规范或标准的要求。天平室在称样时温湿度应在规定范围内，如湿度太高，应进行除湿，直到稳定在规定范围内，才能进行称量。样品前处理室要控制温度，防止试剂的过度挥发，影响结果的准确性。

六、检测数据处理及结果的表述

（一）数据处理

1. 有效数字和有效位数

有效数字：在测量和运算中得到的、具有实际意义的数值。有效数字最后一位允许是可疑、不确定的，其余数字都必须是可靠的、准确的。可疑数字除另有说明外，一般可理解为该数字上有 ±1 单位的误差，或在其后一位的数字上有±5单位的误差。

有效数字的位数（简称有效位数）是指包括全部准确数字和一位可疑数字在内的所有数字的位数。

（1）有效数字的判断。1到9各个数字，无论在一个数值中什么位置，都是有效数字；一个数值中的"0"是否为有效数字有以下情况：一是"0"在数值的中间，是有效数字，它代表了该位数值的大小，例如，12.02，302，1.022；二是"0"在数值的前面，则都不是有效数字，这时"0"只起到定位作用，不代表量值的大小，例如，0.24，0.0225；三是"0"在数值的后面，若属于规范的写法，则应是有效数字。

（2）有效数字运算规则。除有特殊规定外，一般可疑数表示末位1个单位的误差。复杂运算时，中间过程多保留一位有效数字，最后结果需取方法标准中要求的位数。

①加减法计算的结果，小数点以后保留的位数，应与参加运算各数中小数点后位数最少的相同。

②乘除法计算的结果，其有效数字保留的位数，应与参加运算各数中有效数字位数最少的相同。

③在方法检测中按仪器准确度确定了有效数字的位数后，先进行运算，运算后的数值再修约。

2. 数字修约

数字修约规则包括确定修约间隔、进舍规则、不允许连续修约、0.5单位修约与0.2单位修约，具体修约按照GB/T 8170要求执行。实验室在修约过程中，如果涉及多部门数据修约，检测人员先将获得的测定值按指定的修约位数多一位或几位报出，最后由其他部门进行判定，为避免连续修约的错误，按下列步骤修约。

（1）报出数值最右的非零数字为5时，应在数值后加（+）或（-）或不加符号，以分别标明已进行过舍、进或未舍未进。例如，16.5（+）表示实际值大于16.50，经修约舍弃成为16.5；16.5（-）表示实际值小于16.50，经修约进一成为 16.50。

（2）如果判定报出值需要进行修约，当拟舍弃数字最左一位数字为 5 而后面无数字或皆为零时，数字后面有（+）者进一，数字后面有（-）者舍去。例如，将下列数字修约到十分位后进行判定（报出值多保留一位小数）。

15.453（实测值）　　15.45（+）（报出值）15.5（修约值）

17.546（实测值）　　17.55（-）（报出值）17.5（修约值）

3. 极限数值的表示和判定

极限数值的判定方法有两种。

（1）修约值比较法。将测定值或计算值进行修约，修约位数与标准规定的极限数值书写位数一致。例如，极限数值≤1.0，测定值为 0.98，修约值为 1.0。

（2）全数值比较法。将测定值或计算值不进行修约处理（或作修约，但应标明它是经舍、进或未舍未进而得），而用数值的全部数字与标准规定的极限数值进行比较，只要越出规定的极限数值（不论越出的程度大小），都判定为不符合标准要求。

极限数值修约示例见表 8-2。

表 8-2　极限数值修约

极限数值	测定值	表述值	是否符合标准要求
≥97.0	97.01	97.0（+）	符合
	96.98	97.0（-）	不符合
	96.94	96.9（+）	不符合
≤0.05	0.049	0.05（-）	符合
	0.051	0.05（+）	不符合
	0.050	0.05	符合
0.30~0.60	0.299	0.30（-）	不符合
	0.600	0.60	符合
	0.601	0.60（+）	不符合

4. 检测结果与有效位数的确定

根据 GB/T 5009.1—2003 中 10.2 的规定，一般测定值的有效位数应满足卫生标准的要求，报告结果比卫生标准多一位有效数。

（二）结果的表述

当检测结果小于方法检出限时报告为未检出，同时写出方法检出限；当测定结果大于方法检出限且小于方法定量测定限时，报告为定性检出；当测定结果大于方法定量限时，报告定量结果。

（三）对疑似数据问题的处理

检测结果提交给审核人员后，审核人员要核对数据记录完整性、抄写录入是否有误、数据是否异常。对于可疑报告数据要与样品分析测试原始记录进行校对。

首先核对抄写录入、原始记录数据处理、计量单位是否正确，如均无问题，则需确认分析方法及分析条件是否符合要求，并查看内部质量控制数据情况，如无问题，则需进一步确认样品前处理环节包括样品消解、样品研磨过程等是否操作规范，如各环节均无问题，则可认为数据可信。除抄写录入、数据处理、计量单位等问题导致数据异常可直接改正外，其他环节如出现问题则需要重新对样品进行分析。

按一种方法测试为阳性结果，必要时采用其他方法进行确证和复测。报送结果时，阳性样品须同时提供原始记录和确证谱图，以及溯源情况等信息。

第三节　质量控制的方式

质量控制的方式包括内部质量控制和外部质量控制。

（一）内部质量控制

检验检测机构根据实验要求进行有效的内部质量控制，具体有以下几种方法。

内部质量控制方式包括空白试验、加标回收、质控样或盲样考核、质控图、留样再测、人员比对、仪器比对等。每一次检测都应同时检测质量控制样品，包括空白试验、留样、有证标准物质、添加标准溶液样品。在承担省农产品质量安全监测工作中，检测过程要做试剂空白和加标回收率。其中，每 10 个样品加一个混合标准溶液。检测时将同类样品分成一组，用该类样品空白配置标准溶液。每一类样品组做一个本底加标回收率，添加浓度为测定组分定量限的 2 倍。每一类样品组样品个数不超过 24 个。对农药残留不合格样品用质谱法进行确认。

1. 空白对照试验

在进行样品测定时，同时采用完全相同的方法而不加入被测定的物质，进行试剂空白对照试验。这样做的目的可校正因试剂中的杂质干扰和溶液受容器器皿材料的影响等因素所导致的系统误差。目前有些标准的计算公式中没有明确空白消耗体积，但在实际应用时一定要扣除空白。

2. 加标回收率的质控

为防止检测出现偏差，采取在样品中加入已知量的标准物质，测定其回收率，可检验测定方法的正确性和试样引起的干扰误差，并同时求出精确度。因此，回收率试验是化学分析中常用的质量控制方法，回收率添加量及控制范围按照标准方法给出的样品添加浓度及回收率的要求范围进行评价，标准中未明确地按照 GB/T 27404 相关要求进行评价。

3. 质控过程中注意的问题

同一样品的子样取样体积必须相等；各类子样测定过程要按相同的操作步骤进行；加标量尽量与待测物含量相等或相近，并考虑对样品容积的影响；加标量不易过大，一般为待测物含量的 0.5~2.0 倍，且加标后的总含量不能超过方法的测定上限；空白样品基质中添加农药标准溶液的总体积不大于 2mL，当提取液较小时，一般不超过提取液总体积的 5%，添加后充分混合，至少放置 30min 后进行提取。

4. 质量控制图

质量控制图的绘制按照 GB/T 27407《实验室质量控制　利用统计质量保证和控制图技术评价分析测量系统的性能》，观察检测结果的稳定性、系统偏差及趋势，及时发现结果的异常现象。

质量控制图控制的目的就是消除异常波动，使过程处于正常波动状态。

（1）正常波动是偶然性原因（不可避免性因素）造成的，它对检测质量影响较小，在技术上难以消除，在经济上也不值得消除。

（2）异常波动是由系统原因（异常因素）造成的，它对检测质量影响很大，但能够采取措施避免和消除。

（3）质量控制图的组成。在正态分布正负 3σ 范围内，即样品特征值出现在此范围的概率为 99.73%，当数据出现正负 3σ 范围以外，根据小概率事件实际不可能发生原理，即认为已出现失控，如果分析测试过程是处于受控状态，则认为样品特征值一定落于正负 3σ 范围内（图 8-1）。

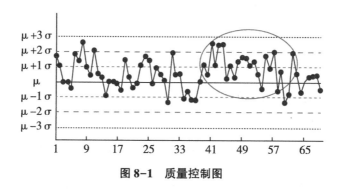

图 8-1 质量控制图

（4）质量控制图异常情况判断（图 8-2、图 8-3）。

①有一个质控点距中心线的距离超过 3 个标准差（位于控制限以外）。失控、由偶然误差造成的。

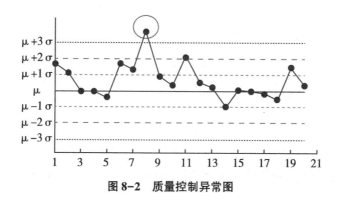

图 8-2 质量控制异常图

②在中心线的同一侧连续有 10 个质控点。失控、系统误差具有方向性。

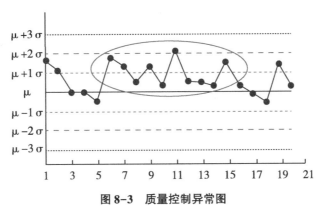

图 8-3 质量控制异常图

5. 质量控制工作常出现的问题

（1）检测过程没有质量控制或记录中看不到质控信息。

（2）体系文件中对日常检测质量控制的要求规定的不明确、不具体，缺乏可操作性。

（3）制定的质量控制计划不完善；覆盖面不够、重点不突出、采用的方法不明确、缺少结果判定的方法依据等。

（4）质量控制实施过程不规范、控制样品设置不科学、结果没有分析判定，达不到质量控制效果。

（二）外部质量控制

检测机构可参加政府监管部门或专业技术机构组织的实验室能力验证或实验室比对活动；还可参加国际间、国内同行间的实验室比对试验。根据外部质量控制结果来评估实验室的工作质量并采取相应的改进措施。

（1）能力验证是评价实验室是否具有胜任所从事检测工作能力的重要技术手段，通过外部措施来弥补实验室内部质量控制程序的有效方法。

（2）实验室比对即按照预先规定的条件，由两个或多个实验室或实验室内部对相同或类似的被测物品进行检测的组织、实施和评价。对于结果评价一般采用 Z 比分数法，样品的检测结果 X 减去中位值再除以标准四分位距。

公式：$Z=X-$中位值/标准四分位距

注：Z 的大小代表检测结果 X 与中位值的偏离程度

$|Z| \leqslant 2$ 属于满意结果；$2<|Z|<3$ 属于存在问题结果；$|Z| \geqslant 3$ 为离群值，属于不满意结果。

附录一　《山东省农产品质量安全风险监测工作规范》等 4 项
　　　　工作规范

山东省农业厅文件

鲁农质监字〔2017〕44 号

山东省农业厅
关于印发《山东省农产品质量安全检测机构
考核办理流程》（试行）等工作规定的通知

各市农业局（农委），各农产品检测机构：

　　为规范农产品质量安全检测机构考核、监测承检机构管理以及风险监测
和监督抽查等工作，全面提升农产品质量安全管理水平，省农业厅研究制定
了《山东省农产品质量安全检测机构考核办理流程》（试行）、《山东省农产
品质量安全监测承检机构管理办法》（试行）《山东省农产品质量安全风险监
测工作规范》《山东省农产品质量安全监督抽查工作规范》，现印发给你们，

请遵照执行。

执行中的意见和建议，请及时与省农业厅农产品质量安全监管处联系。

联系人：范作军　　电话：0531-67866397

山东省农业厅

2017 年 5 月 22 日

山东省农产品质量安全检测机构考核
办理流程（试行）

一、项目名称

山东省农产品质量安全检测机构考核（以下简称"机构考核"）。

二、设定依据

《中华人民共和国农产品质量安全法》（中华人民共和国主席令第 49 号）

《农产品质量安全检测机构考核办法》（2007 年农业部令第 7 号）

《山东省农产品质量安全检测机构考核评审细则》

三、实施主体及委托办理机构

山东省农业厅负责本省行政区域内农产品质量安全检测机构考核工作（限种植业范畴）。

指定山东省农业科学院农业质量标准与检测技术研究所，为山东省农业厅机构考核的技术审查机构，负责具体业务办理工作。

四、申请条件

申请农产品质量安全检测机构考核的基本条件：

（1）应当依法设立，保证客观、公正和独立地从事检测活动，并承担相应的法律责任。

（2）应当具有与其从事的农产品质量安全检测活动相适应的管理和技术

人员。从事农产品质量安全检测的技术人员应当具有相关专业中专以上学历；检测机构的技术人员应当不少于5人，其中中级职称（或同等能力）以上人员比例不低于40%；技术负责人和质量负责人应当具有中级以上技术职称（或同等能力），并从事农产品质量安全相关工作5年以上。

（3）应当具有与其从事的农产品质量安全检测活动相适应的检测仪器设备，仪器设备配备充足，在用仪器设备完好率达到100%。

（4）应当具有与检测活动相适应的固定工作场所，并具备保证检测数据准确的环境条件。

（5）应当建立质量管理与质量保证体系，并获得实验室资质认定证书，且在有效期内。

五、申请材料

申请人需提交以下申请材料：

（1）申请书（格式见山东农业信息网"下载中心"）。

（2）机构法人资格证书或者其授权的证明文件。

（3）上级或者有关部门批准机构设置的证明文件。

（4）质量体系文件［包括：质量手册（全文）、程序文件（全文）、作业指导书（目录）］。

（5）资质认定情况［包括：资质认定证书、附表（电子版）、获得资质认定授权签字人及其授权签字领域表］。

（6）近两年内的典型性检验报告（每个类别1份）。

（7）授权签字人申请表。

（8）自我声明（声明对其提交的申请材料实质内容的真实性负责，并承担因提供不真实材料而产生的法律后果）。

（9）其他证明材料［包括：中级以上技术职称证书（同等能力人员学历证书），技术负责人、质量负责人和授权签字人技术职称证书复印件］。

六、考核程序

1. 申请

申请山东省农产品质量安全检测机构考核的检测机构，需向山东省机构考核技术审查机构提交申请材料电子版，初审通过后，提交申请材料纸质版（邮箱：sdncpjgkh@163.com，联系电话：0531-83179267，联系人：董崚，地址：济南市工业北路202号山东省农业科学农业质量标准与检测技术研究所，邮编：250100）。

需要申请复查的，应在证书有效期届满前3个月向技术审查机构提出申请，证书失效后不予受理复查申请。申请人如需继续从事相关业务，应按首次申请要求办理。

需要申请变更的，应向技术审查机构提交变更手续。证书有效期内的检测机构，其组织机构（名称、法人）、工作场所、关键人员（技术负责人、质量负责人、授权签字人）、技术能力（标准）等发生变化的，应按照相关规定提出申请，并提供相关材料，技术审查机构视情况进行书面材料确认或组织现场确认。

2. 受理

技术审查机构及时审查申请人提交的申请材料，对材料的有效性、完整性进行形式审查，5个工作日内对材料做出是否受理的结论。可以受理的，将受理结果告知申请人；可以受理但需补正申请材料的，一次性告知需要补正的全部内容；不予受理的，告知申请人并说明理由。

3. 评审

申请材料形式审查合格后，技术审查机构组织机构考核评审专家10个工作日内完成对申请材料的文审。文审合格者，由技术审查机构提报省农业厅，组织评审组开展现场评审；文审不合格者，由技术审查机构反馈申请人，并说明不合格原因，申请人如需继续申请，应按相关要求完善补正后重新申请。现场评审及整改时间不计入机构考核期限内。申请人整改完成后，评审组长签署评审意见，报机构考核技术审查机构。

4. 审批

省农业厅对评审报告进行审核，签署审核意见，提交进入审批程序，作出是否准予批准的书面决定。不予批准的，应当书面通知申请人，并说明理由。

5. 发证

通过机构考核的，颁发农产品质量安全检测机构考核合格证书，准许使用农产品质量安全检测机构考核标志。考核合格证书包括证书正文和项目附表两个部分。

七、结果公告

对已获证的农产品质量安全检测机构，分批次在"山东农业信息网"（http：//www.sdny.gov.cn）予以公告。

附：山东省农产品质量安全检测机构考核办理流程图

山东省农产品质量安全检测机构考核办理流程图

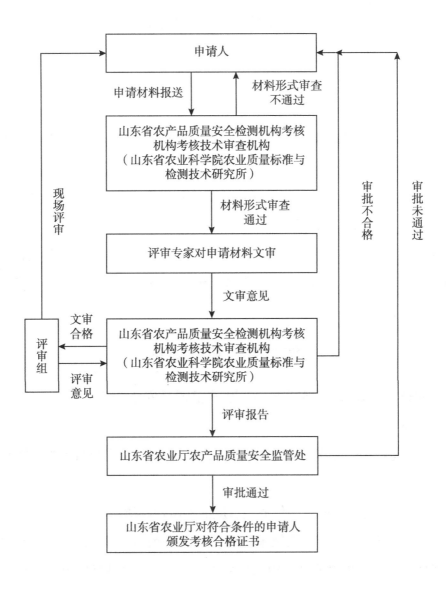

山东省农产品质量安全监测承检机构
管理办法（试行）

第一章　总　　则

第一条　为规范山东省农业厅农产品质量安全监测承检机构的管理，制定本办法。

第二条　本办法依据《农产品质量安全法》《农产品质量安全监测管理办法》等有关规定制定。

第三条　本办法中的承检机构，是指具备农产品质量安全检测机构资质，承担山东省农业厅下达的农产品质量安全监测任务，提供农产品质量安全监测服务的检验检测机构。

第二章　机构遴选

第四条　申请承担山东省农业厅农产品质量安全监测任务的承检机构应具备以下条件：

（一）能够独立承担法律责任，具有开展农产品质量安全监测的有关资质；

（二）具备与承担的监测任务相适应的检验检测能力；

（三）能够保证检验检测结果质量，检验检测活动中无重大差错或责任赔偿案例；当年参加农业部或山东省农业厅组织的能力验证合格，近三年参加与检验检测任务相关的能力验证无不满意结果；

（四）诚信从业，近三年监督检查、飞行检查无重大质量问题，未发生造成社会不良影响的事件；

（五）能够严格按照规定的时限与要求完成检验检测任务；

（六）能够纳入山东省农产品质量安全监管追溯平台相关信息系统管理。

第五条　山东省农业厅成立承检机构遴选工作小组，监督管理。

第六条　山东省农业厅邀请农产品质量安全监管部门、检验检测机构、项目管理等方面的专家，组成承检机构遴选评审组，负责遴选工作的组织实施。

第七条　承检机构的遴选遵循公开、公平、公正的原则，每年进行一次。通过遴选的承检机构，列入本年度承担山东省农产品质量安全监测任务承检机构备选库。

第八条　遴选按照以下程序进行：

（一）公告

农业厅根据农产品质量安全监测任务需要，在山东农业信息网、山东省农产品质量安全监管网发布遴选公告。

（二）申报

农产品检验检测机构按照公告要求，提交申报材料。

（三）评审

工作小组随机抽取专家，组成遴选评审专家组，对参加申报的所有农产品检验检测机构进行审核、排序，必要时可现场审核确认。

（四）公示

经遴选拟纳入备选库的承检机构，由工作小组在相关网站进行公示。

第九条　除临时或应急监测任务外，原则上应从备选库中选择承检机构，任务量根据遴选排名、工作质量、飞行检查、结果复查、能力验证、盲样考核等事项确定。

第三章　监测工作

第十条　承检机构应当明确承担农产品质量安全监测工作的分管领导、组织结构、岗位职责，并制定相应的样品抽取、交接、制备、保存、检测、质控、结果报告等工作管理制度和经费管理制度。

第十一条　承检机构开展农产品质量安全监测工作，应遵守以下规定：

（一）遵守《农产品质量安全法》《农产品质量安全监测管理办法》等相关规定；

（二）严格按照监测方案的要求开展相关监测工作；

（三）不得将监测任务委托给其他检验检测机构；

（四）参加山东省农业厅组织的有关农产品质量安全监测技术培训；

（五）在检验检测机构地址、关键人员（最高管理者、技术负责人、质量负责人、授权签字人）等变更以及检验检测资质、能力变化时，应及时向省农业厅报告。

第十二条　按照抽检分离原则，监督抽查的抽样由农业行政主管部门承担，承检机构配合抽样并负责检测；风险监测（例行监测、专项监测）抽样、检测均由承检机构负责。

第十三条　风险监测如需混样检测，抽样后按要求将样品集中，重新编号分配检测，并适时添加考核盲样。风险监测、监督抽查，适时安排样品复检。盲样考核或样品复检结果作为各机构承担监测任务的重要依据。

第十四条　承检机构完成检测工作后，应按方案要求，对监测结果进行汇总分析，形成分析报告，按要求报送省农业厅及监测技术牵头汇总单位。同时，监测结果要通过《山东省农产品质量安全例行监测平台》上报。

第四章　监测要求

第十五条　承检机构必须保质、保量、按时完成农业厅安排的监测工作任务，不得以任何理由推诿、拖延、拒绝。

第十六条　承检机构不得瞒报、谎报、漏报农产品质量安全监测数据、结果等信息。

第十七条　承检机构应当承担保密义务，不得泄露、擅自使用或对外发布监测结果和相关信息，严格遵守国家法律、法规和农产品质量安全监测工作有关纪律要求。

第十八条　承检机构不得接受被抽检单位的馈赠，不得利用抽检结果开展有偿活动、牟取不正当利益。

第十九条　承检机构应当规范资金管理，严格按预算开支范围列支，专款专用。

第五章　监督管理

第二十条　山东省农业厅农产品质量安全监管处负责承检机构的日常监督与考核管理，监管形式包括能力验证、实验室间比对、样品复检、盲样考核、飞行检查等，对承检机构工作质量、工作成效、工作纪律等进行考核，考核结果作为承检机构下一年遴选及安排任务的重要依据。

第二十一条　承检机构实行动态管理，有下列情形之一的，责令整改或从备选库中移除，情节严重的三年内不得参与承检机构的申报：

（一）隐瞒有关情况、提供虚假材料，或采取贿赂、欺骗等手段参加遴选；

（二）在抽样、检验过程中接受被抽检单位馈赠，影响检验公正性；

（三）篡改数据、出具虚假检验检测结果；

（四）未经批准或授权，将检验检测数据结果擅自使用和对外公布；

（五）实验室间比对、盲样考核或样品复检结果不准确（结果一次不准确的，责令整改并提交整改意见；两次不准确的从备选库中移除）；

（六）监督检查中发现重大质量问题；

（七）检验工作出现重大差错并造成严重后果；

（八）违反本办法第十一条、第十五条至第十九条规定。

第二十二条 考核检查中发现承检机构在承担监测任务中存在违法行为的，将依法通报并追究法律责任。

第六章 附 则

第二十三条 山东省农业厅农产品质量安全监管处负责承检机构遴选、考核、检查、监督、管理等工作。

第二十四条 本办法由山东省农业厅负责解释。

第二十五条 本办法自发布之日起试行。

山东省农产品质量安全风险监测工作规范

为加强农产品质量安全管理，规范风险监测工作，保证检测数据的客观和公正，制定本规范。

一、抽样

（一）抽样的准备工作

（1）抽样工作应严格按照方案规定的标准执行。

（2）各任务承担单位在每次抽样前应组织抽样人员，根据监测方案，研究制定抽样计划、熟悉抽样技术、明确抽样工作纪律。

（3）各任务承担单位应当在抽样前准备好抽样单和抽样工具等物品，并由专人负责检查抽样工具是否洁净，避免造成污染。

（4）任务承担单位应对受检市农产品的生产情况进行相应的调研，抽样地点及生产面积等要有代表性。抽样前应会同受检市的农业主管部门，根据监测方案要求，按照随机抽样的原则，确定本次监测具体的抽样地点。

（5）各任务承担单位要按照监测方案中规定监测的农产品种类抽取。

（6）各任务承担单位在制定抽样方案时发现问题或遇到特殊情况应及时与组织单位联系、沟通，达成一致意见后再实施。

（二）抽样工作程序

（1）原则上由承担单位主管领导带队完成全部抽样工作。各任务承担单位每次抽样不得少于 2 人，并具备一定抽样工作经验。

（2）抽样人员应主动向受检单位出示有关监测工作正式文件、抽样人员工作证件、抽样工作单等。抽样人员应衣着整齐，态度端正，保持良好工作作风，树立质检机构良好形象。

（3）抽样工作应由检测机构独立完成。抽样人员应亲自到现场抽样，不得由受检单位人员或其他人员取样。当地人员可陪同抽样，但不得干扰已定抽样方案的实施。对抽取的样品应据实付款。

（4）抽样人员在现场应认真填写抽样单，抽样单信息要齐全、准确，字迹要清晰、工整。经抽样人员和受检单位人员或陪同人员确认无误后，在抽样单上签字或盖章。

（5）抽样后，样品应由抽样人员尽快带回本单位处理。异地抽样距离较远的情况下，应尽快在有制样条件的单位进行处理，处理后的样品应冷冻保存，防止样品变质。样品运输过程要进行降温处理。

（6）样品一经抽取，在送达实验室检测之前，任何人不得擅自更换，违者依法依规追究其责任。

（7）样品到达检测单位后，收样人员应对样品进行认真检查，对样品数量、状态、质量、抽样编号及抽样单进行一一核对。检查合格后，方可入库。

（8）在抽样过程中，抽样人员要对当地农产品生产情况、农药使用情况进行调查了解，并及时梳理汇总，供主管部门决策参考。

（9）遇到突发情况，要在及时汇报承检机构或主管部门的基础上，妥善处理。

二、检测工作

（一）总体要求

（1）统一检测方法。严格按照省农业厅监测方案规定的方法进行检测，检测人员不得擅自更改方法。

（2）统一标准溶液。各承担单位应使用符合检测方法标准要求的标准物质及试剂。

（3）统一判定原则。应统一根据方案规定的判定原则进行判定。

（二）检测工作的质量控制

1. 检测前准备

（1）仪器设备检查。每次检测工作开始前，应对检测仪器设备进行必要的检查和维护。调整仪器工作条件，确保最佳工作状态。用标准溶液检查仪器灵敏度，对达不到灵敏度要求的仪器应及时维修，否则不得进行样品检测。

（2）试剂和药品检查。要分批次按检测方法对试剂进行检查，排除对检测结果的干扰因素，如有必要应进行处理后再使用。应检查标准物质和标准溶液是否在有效期内。

（3）环境检查。检测工作中，应对实验室、样品储藏室、前处理室和仪器室等进行环境控制，保证温湿度符合检测要求。样品前处理室要进行控温，防止试剂的过度挥发，影响结果的准确性。

（4）器皿检查。农药残留检测所用器皿，使用前要进行清洗，防止造成交叉污染。

2. 检测过程

（1）农药残留检测样品不得用水清洗，但要去除样品表面污物。所抽样品要严格按规定处理，充分混合后用四分法取样进行粉碎，分正、副样放入冷冻箱内-18℃以下低温保存。处理样品所用的刀、板子、粉碎机等要一个样品处理即时清洗。称样时要将样品恢复至室温、充分搅匀后再进行称样。副样要规范贮存，待技术牵头单位确认检测结果没有问题后，再进行销毁处理。

（2）样品提取过程应严格按方法规定的固液比进行，不得擅自改变比例。在提取过程中要保证提取条件的一致性，如提取时间、振摇幅度和频率等。

（3）在样品净化过程中，要防止浓缩时蒸干；样品一经定容应尽快测定，防止试剂的挥发和农药的降解，影响检测结果的准确性。

（4）样品在测定时，要严格按照监测方案规定，首先做试剂空白，每测定 10 个样品进一个标准溶液，至少每测定 24 个样品做一个添加回收率（应保证每天至少做一个添加回收率）。如发现回收率达不到 70%～130% 的范围时，该批样品必须重做。

（5）对超标或接近限量值的样品，应重新称 2 个平行样进行测定，并使用质谱法或双柱法进行确认。在用质谱法进行确认时，视农药残留量的高低，可对样品进行浓缩，并要进行相应净化处理，防止杂质干扰影响结果的判定。

3. 检测过程出现问题的处理

检测过程中出现有可能影响检测结果的问题时，检测人员应根据相应工作程序，及时报告技术负责人，出现下列情况之一，均应按有关规定进行复测。

（1）在检测过程中如出现停水、停电或仪器故障时。

（2）在检测结果离散度较大时。

（3）各级审核人员对检测结果提出合理异议，主检人员解释不清时。

（三）检测工作质量保证措施

（1）实验室内部考核。除按方案进行回收率检测外，各承担单位质量保证负责人在承担每次风险监测工作时，应进行 1～2 次盲样添加考核。

（2）各承担单位应根据本单位的管理体系要求，制定并落实保证检测质量的工作措施。

（3）外部质量控制。风险监测适时采用混样检测形式，抽样后按要求将样品集中，重新编号分配检测，并适时添加考核盲样。适时安排样品复检。盲样考核或样品复检结果作为各机构承担监测任务的重要依据。

三、检测原始记录的校核和审查

检测人员要认真填写原始记录，不得事后追记。字迹要工整、清晰，信息要完整，应具有可追溯性和重现性。

风险监测的仪器图谱应打印并附在检测原始记录表之后。校核人员要对空白试剂、标准溶液和样品的图谱进行审核，对检测结果重新进行计算确认，并检查结果的有效数位和检测项目。

审查人员应对原始记录进行全面的审查，对检测依据的正确性、原始记录有关信息与任务通知单的一致性、数据转移、计算公式、计算结果、数字修约、有效数字位数、法定计量单位、平行误差、更改及原始记录书面质量进行审核。

四、检测结果的汇总

任务承担单位要保证监测结果的科学性、准确性和真实性，如实报告监测结果，不得弄虚作假。要按监测结果数据库的要求，认真填写各种信息。要认真进行分析总结，突出存在问题及原因分析和对策措施建议。在规定时间将监测结果及总结分析报告用纸质和电子文本传报汇总单位。同时，要通过《山东省农产品质量安全监测上报平台》进行数据上报。

承担汇总工作的单位要对检测结果加强检查，做好审核、分析、汇总工作，按时完成总结报告。如发现问题，应及时与各任务承担单位联系，了解情况，必要时上报省农业厅。

五、工作纪律

（一）抽样工作纪律

抽样人员要廉洁公正，不得接受被抽检单位的馈赠，不得利用抽检结果开展有偿活动、牟取不正当利益。抽样人员的差旅和食宿费用自理。抽样应严格按预定方案进行，抽样人员不得擅自改变。任何单位和个人不得违规干扰抽样工作。

发现抽样人员有违规行为时，抽样单位应及时进行调查，予以纠正，及时挽回影响，并对责任人予以处理。抽样工作一经结束，未经省农业厅批准，任何单位和个人无权要求进行补抽或重新抽样。

（二）检测工作纪律

检测人员应严格按照任务通知单的要求，按时完成检测任务。不得随意编造、更改检测数据，不得瞒报、谎报、漏报监测数据、结果等信息。不得将监测任务进行分包、转包。

（三）保密纪律

监测结果由省农业厅统一通报或公布。任务承担单位人员应对检测结果保密，不得擅自使用或对外发布监测结果和相关信息，不得向任何人和单位透露检测结果。

检测机构伪造检测结果或者出具检测结果不实的，一经查实，按照《农产品质量安全法》第四十四条处罚。对于其他违反工作纪律要求的，由主管部门对任务承担单位或责任人进行通报批评，情节严重的，提请有关部门依法依规查处。

山东省农产品质量安全监督抽查工作规范

为加强农产品质量安全管理，规范监督抽查的行为，保证监测数据的客观和公正，制定本规范。

一、抽样要求

（一）抽检分离

（1）严格遵循抽样机构与检测机构相分离的原则。

（2）抽样工作由当地农业行政主管部门或农业执法人员具体实施。抽样人员应具备执法证件，且不得少于2人。抽样人员在抽样前应当向被抽查人出示执法证件或工作证件，并及时填写《抽样单》。抽样单一式四份，分别留存抽样单位、被抽查人、检测单位和下达任务的农业行政主管部门。

（3）根据抽样工作需要，可邀请具备相应资质的检测机构技术人员协助实施抽样和样品预处理等工作。

（4）检测工作由省农业厅遴选有资质的农产品质量安全检验检测机构具体承担。

（二）样品制备及封存

（1）抽样人员应当现场制备和封存样品。现场制备的样品分为三份，一份用于检验检测（以下简称正样）、一份用于需要时复查或确证用（以下简称副样）、一份作留样备用（以下简称备样）。封条须由2名具有执法证件的抽样人员及被抽样单位签字或捺印。

（2）不得向被抽查单位收取检验费和其他费用。

205

（3）正样和副样交承担检测任务的检测机构。备样由当地农业主管部门保存，保存条件应在-18℃以下。不具备保存条件的，可以委托具备相应资质和条件的检测机构保存。

（4）检测机构接收样品，应当检查、记录样品的外观、状态、封条有无破损及其他可能对检测结果或者综合判定产生影响的情况，并确认样品与抽样单的记录是否相符，对正样和副样分别加贴相应标识后入库。必要时，在不影响样品检测结果的情况下，可以对检测样品分装或者重新包装编号。

（三）拒绝抽样的处理

被抽查单位无正当理由拒绝抽样的，抽样人员应当告知拒绝抽样的法律责任和处理措施。被抽查单位仍拒绝抽样的，抽样人员应当现场填写监督抽查拒检确认文书，由抽样人员和见证人共同签字，并及时向省级农业部门报告情况。依据《农产品质量安全监测管理办法》（农业部令 2012 年第 7号）第二十三条规定，对被拒绝抽查的农产品以不合格论处。

二、检测要求

（1）农产品质量安全监督抽查采用的检测方法和判定依据应符合我国有关法律法规和食品安全国家标准要求，具体按监督抽查下达文件中的相关要求执行。

（2）承担农产品质量安全监督抽查检测工作的检测机构应按文件要求时限完成检验任务。

（3）监督抽查任务不得分包、转包。

（4）其他检测过程、质量控制、记录审核、结果汇总上报等方面的具体要求见《山东省农产品质量安全风险监测工作规范》。

三、结果处理

（一）检测结果告知

（1）检测机构应当将检测结果及时报送下达任务的农业行政主管部门。

检测结果合格的不附检验报告，检测结果不合格的需附检验报告。

（2）检测结果合格的，当地农业行政主管部门或农业执法机构应当及时告知被抽查单位。

（二）不合格检测结果确认

（1）检测结果不合格的，应当在检测数据确认后 24h 内将检验报告报送下达任务的农业行政主管部门和抽查地农业行政主管部门，抽查地农业行政主管部门应当及时书面通知被抽查人，进行结果确认。结果确认时注意留存被抽查单位接收证据，当面递交的应当留存签字书证，邮寄的应当及时打印并留存邮件签收证明。

（2）被抽查人应填写《农产品质量安全监督抽查检验结果通知单》的回执，并于接到通知书 5 日内将回执寄送或传真至当地农业行政主管部门或农业执法机构，逾期则视为认同检验结果。

（三）异议处理

被抽查人对检测结果有异议的，可以自收到检测结果之日起 5 日内，向下达任务的农业行政主管部门或者其上级农业行政主管部门书面申请复检。法律法规对申请复检的时间另有规定的，从其规定。

（四）复检要求

（1）省农业厅收到复检申请后，经审查，认为有必要复检的，应当及时通知检测机构和复检申请人。

（2）复检由省农业厅指定具备相应资质的检测机构承担。承担复检任务的检测机构应自收到样品之日起 7 个工作日内出具检验报告。复检原则上不得由原检测机构承担。

（3）复检结论与原检测结论一致的，复检费用由申请人承担；复检结论与原检测结论不一致的，复检费用由原检测机构承担。

四、工作纪律

（1）参与监督抽查的工作人员，必须严格遵守国家法律、法规的规定，严格执法、秉公执法、不徇私情，对被抽查的对象和产品必须严守秘密。

（2）检测机构应当严格按照监督抽查工作有关规定承担检验工作，应当保证检验工作科学、公正、准确。

（3）检测机构应当如实上报检测结果和分析报告，不得瞒报、谎报、迟报，并对检验结果负责。

（4）检测机构不得利用监督抽查结果参与有偿活动。

（5）监督抽查承担单位和参与的工作人员应当对监测工作方案和检测结果保密，未经任务下达部门同意，不得向任何单位和个人透露。

（6）任何单位和个人对监督抽查工作中的违法行为，有权向农业行政主管部门举报，接到举报的部门应当及时调查处理。

（7）检测机构和参与监督抽查的人员不依法履行职责、滥用职权、违反抽样和检测工作纪律的，将依法给予处分。

（8）检测机构伪造检测结果或者出具检测结果不实的，依照《中华人民共和国农产品质量安全法》进行处罚，构成犯罪的，依法移送司法机关追究刑事责任。

附录二　山东省农产品质量安全监督抽查文书

山东省农业农村厅农产品质量安全监督抽查/复检委托书

存根	产品名称		□抽查　□复检 时间	
	受委托单位		经办人	
	签发单位		填发日期	
	签发人		有效日期	
	编号			

⋯⋯⋯

山东省农业农村厅农产品质量安全监督抽查/复检委托书

编号：

＿＿＿＿＿＿＿＿＿＿＿＿＿＿＿＿＿＿：

　　兹委托你单位按《中华人民共和国农产品质量安全法》有关规定及

＿＿＿＿＿＿＿＿＿＿＿＿＿＿＿＿＿＿＿＿＿＿，负责农产品质量安全

监督（□抽查；□复检）过程中的（□抽样；□检验；□检验结果反

馈；□异议处理）工作，并将结果于＿＿年＿月＿日前报我厅。

（下达任务部门公章）

年　月　日

有效期至　　年　月　日

山东省农业农村厅农产品质量安全监督抽查/复检通知书

编号（　　　　　）

_____：

依据《中华人民共和国农产品质量安全法》规定，对农产品质量安全实行监督抽查。按照我厅部署，现对你单位依法进行农产品质量安全监督（□抽查；□复查）。请你单位认真阅读《山东省农业农村厅农产品质量安全监督抽查受检单位须知》，并予以积极配合。

受检产品：_____

抽样单位：_____

抽样人员：_____

抽样日期：_____年___月___日

（下达任务部门公章）

年　月　日

有效期至　　年　月　日

注：此通知书一式三联，第一联由受检单位留存；第二联由抽样单位完成抽样后寄送负责抽查后处理工作的当地农业行政主管部门；第三联由下达任务的部门留存。

山东省农业农村厅农产品质量安全
监督抽查受检单位须知

1. 山东省农业农村厅农产品质量安全监督抽查事先不通知受检单位，样品由抽样单位持《山东省农业农村厅农产品质量安全监督抽查/复检通知书》（原件）、有效身份证件（身份证或工作证）在生产基地或市场上待销产品中随机抽取。用于出口的产品不属抽样范围。

2. 山东省农业农村厅农产品质量安全监督抽查，任何单位不得拒绝。对拒绝抽查或拒绝送样的，依据《农产品质量安全监测管理办法》的规定，经批评教育拒不改正的，对被抽样产品以不合格论处。

3. 在受检单位抽取的样品，需要单位协助送样的，应当在规定的时间内将样品完好寄送到指定单位。拒检单位以及未按要求寄送样品的单位以此次抽查不合格处理。

4. 监督抽查的样品，由抽样单位购买，抽取样品的数量不得超过检验的合理需要。

5. 受检单位对执行此次抽查任务的单位、个人及有关此次抽查工作的任何意见，请及时向组织监督抽查的部门反馈，反馈意见者应留下电话、传真、Email 等联系方式。

6. 受检单位对监督抽查检测结果有异议的，应当自收到《农产品质量安全监督抽查/复检检验结果通知单》之日起 5 日内，向任务下达部门提出书面申请。法律法规对申请复检的时间另有规定的，从其规定。逾期未提出异议的，视为承认检验结果。任务下达部门收到复检申请后，经审查，认为有必要复检的，应当及时通知复检申请人。复检结果与初次结果一致的，复检费用由复检申请人承担；不一致的，复检费用由承检机构承担。

7.《中华人民共和国农产品质量安全法》等有关法律法规，请查询网站 http：//www. agri. gov. cn，http：//www. caqs. gov. cn。

下达任务部门通讯地址：

联系电话：

传　　真：

电子邮件：

检测机构通讯地址、邮政编码：

联　系　人：　　　　　　　　　联系电话：

传　　真：　　　　　　　　　　电子邮件：

山东省农业农村厅

农产品质量安全监督抽查抽样工作单

____年____（　　）农产品质量安全监督抽查

样品名称			样品编号			
商标			包装		□有	□无
等级			标识		□有	□无
型号规格			执行标准			
生产日期或批号						
产品认证情况		□无公害农产品　□绿色食品　□有机农产品　□其他				
证书编号						
抽样数量			抽样基数			
抽样场所		□生产基地/企业　　□屠宰场　　□农贸市场 □批发市场　　　　□超市　　　□其他				
受检单位情况	受检单位名称					
	通讯地址			邮编		
	法定代表人					
	联系人		电话		传真	
受检人			电话		传真	
生产单位情况	□生产□进货 单位名称					
	通讯地址			邮编		
	联系人		电话		传真	
抽样单位情况	单位名称			联系人		
	通讯地址			邮编		
	联系电话			传真		
	E-mail					
抽样检测通知书编号			抽样人签字：			
受检人签字： 受检单位负责人签字： 受检单位（公章）　　　　年　月　日			抽样单位（公章）： 抽样日期：　　年　月　日			
备注：						

注：1. 本工作单由受检单位协助抽样单位工作人员如实填写；

　　2. 受检人和受检单位须在工作单上签字、盖章；

　　3. 本工作单一式四联，第一联留抽样单位，第二联留受检单位，第三联随样品，第四联交组织实施

　　　监督抽查的农业行政主管部门；

　　4. 需要做选择的项目，在选中项目的"□"中打"√"。

山东省农业农村厅农产品质量安全监督抽查封样单

一、竖式封样单

山东省农业农村厅农产品质量安全监督抽查封样单

年　月　日封

（抽样单位公章）

受检单位代表：

封样人：

二、横式封样单

山东省农业农村厅农产品质量安全监督抽查
封 样 单

（抽样单位公章）　　　年　　月　　日封

封样人：

受检单位代表：

山东省农业农村厅农产品质量安全监督抽查
单位拒检认定表

<table>
<tr><td rowspan="5">受检
单位</td><td>产品名称</td><td></td><td>抽样日期</td><td></td></tr>
<tr><td>单位名称</td><td colspan="3"></td></tr>
<tr><td>单位地址</td><td colspan="3"></td></tr>
<tr><td>法人代表</td><td colspan="3"></td></tr>
<tr><td>联系人及电话</td><td colspan="3"></td></tr>
<tr><td colspan="2">任务来源</td><td colspan="3"></td></tr>
<tr><td colspan="2">抽样单位</td><td></td><td>联系电话</td><td></td></tr>
<tr><td colspan="5">事实认定（拒检过程描述）：

　　　　　　　　　　　　　　　抽样单位（公章）

　　　　　　　抽样人员签字：
　　　　　　　　　　　　年　月　日

　　　　　　　见证人员签字：
　　　　　　　　　　　　年　月　日</td></tr>
<tr><td colspan="5">受检单位主管部门意见：

　　　　　　　　　　　　　　　　（单位公章）
　　　　　　　　　　　　　　　年　月　日</td></tr>
</table>

注：本表一式三份，一份报送省农业农村厅，一份由当地农业行政主管部门留存，一份抽样单位留存。

山东省农业农村厅
农产品质量安全监督抽查/复查检验结果通知单

编号（　　　　　）

（受检单位名称）：

　　受（下达任务单位名称）委托，我单位于＿＿＿年＿月＿日对你单位（□经销；□生产）的（产品名称及规格型号）产品进行了产品质量监督（□抽查；□复查），检验结果为（□合格；□不合格），不合格产品检验报告附后。

　　收到此通知书后，请填写回执并寄回检测机构。如对检测结果有异议，请于收到送达书之日起5日内向任务下达部门提出书面复检申请，并提交相关说明材料，同时抄送检测机构。逾期未提出的，视为承认检测结果。

任务下达部门地址电话：
检测机构联系地址、邮编：
联系人及联系电话、传真：

（检测单位公章）

年　月　日

···

检验结果确认回执　　　　编号（　　）

□ 我单位对检验结果无异议；

□ 我单位将在规定时间内提出书面异议。

（受检单位公章及日期）

山东省农业农村厅农产品质量安全监督抽查
异议处理通知书

编号（　　　　）

（对检验结果提出异议单位全称）：

  根据你单位对 **（申诉产品名称）** 产品质量安全监督抽查检验结果提出的
申诉意见，经调查核实/复验，作出如下处理意见：

  □ 维持原结论

  □ 变更检验结论为＿＿＿＿＿＿＿＿＿

  理由：＿＿＿＿＿＿＿＿＿＿＿＿＿＿＿＿＿＿

  ＿＿＿＿＿＿＿＿＿＿＿＿＿＿＿＿＿＿＿＿＿＿

  联 系 人：＿＿＿＿＿＿＿＿

  联系电话：＿＿＿＿＿＿＿＿

  联系地址：＿＿＿＿＿＿＿＿

（检验机构公章）
年　月　日

抄送：文书说明第 2 条相关主管部门。

山东省农业农村厅农产品质量安全监督抽查
工作质量及工作纪律反馈单

抽查产品名称		抽查时间	
抽检机构			
对承检机构相关 工作的评价	工作纪律　□ 工作态度　□ 公　正　性　□ 及　时　性　□	满意　一般　不满意 　□　　　□ 　□　　　□ 　□　　　□ 　□　　　□	
对此次抽查 工作建议			
填表人		填表日期	
反馈意见单位	（反馈意见单位公章）		

反馈受理机关：山东省农业农村厅农产品质量安全监管处

邮编及通讯地址：济南市历下区十亩园东街 7 号，250013

联系电话：0531-67866093；

传　真：0531-67866091

（反馈受理部门公章）

山东省农业农村厅农产品质量安全监督抽查
样品特殊处理报告书

(下达监督抽查任务部门)：

　　我单位承担的 ＿＿＿＿＿＿ 产品质量监督抽查工作中，因以下原因，请求将下列样品按特殊样品处理，不纳入此次抽查统计。

　　特殊处理原因：A. 样品寄送途中由无利害关系第三方损坏，不能正常检验；B. 样品寄送途中丢失，已有无利害关系第三方声明责任；C. 样品发生特殊情况，检验无法继续进行；D. 因检验原因，致使检验结果失效；E. 其他原因 ＿＿＿＿＿＿＿＿＿＿＿ 。

附表：样品特殊处理名单

序号	产品名称	受检单位名称	商标	规格型号	批次	抽样日期	特殊处理原因（选择 A、B、C、D、E）	备注

（抽样单位/检验单位公章）

年　　月　　日

山东省农业农村厅农产品质量安全监督抽查

终止检验通知书

（受检单位名称）：

　　在___年_月_日对你单位进行的农产品质量安全监督抽查中，按有关规定，对你单位的_____（产品名称及规格型号）终止检验。

　　特此通知。

下达通知单位（公章）

年　月　日

_____产品
质量安全监督抽查严重问题反馈表

受检单位			
抽样日期		产品名称	
规格型号		商标	
生产单位名称		生产日期	

问题说明：

填表单位（章）：

填表人：

年　月　日

备注：提交本表的同时上交抽样单。

山东省农业农村厅农产品质量安全监督抽查
责令整改通知书

编号（　　　　）

（生产基地或企业全称）：

在_____组织的_____产品质量安全监督抽查中，你单位（□生产；□经销）的产品，经抽样检验，结论为不合格。

依据《中华人民共和国农产品质量安全法》规定，责令你单位结合产品检验报告中的不合格项目，认真查找不合格原因，采取切实有效的整改措施，并于____年____月____日前向我单位提出整改复查申请报告。

逾期未整改或未如期提出整改复查申请的，我单位将依据《中华人民共和国农产品质量安全法》等法律法规规定，对你单位进行强制复查。

下达通知单位公章
年　月　日

山东省农业农村厅农产品质量安全监督抽查
建议收回认证证书通知书

编号（　　　　）

（有关部门）：

在我厅依法组织的产品质量监督抽查工作中，以下企业违反有关法律法规规定（见附表），建议收回认证证书。

附表：

序号	企业名称	法人代表	联系电话	建议原因	其他

备注（建议原因）：
1. 违反《农产品质量安全法》第三十三条（一）含有国家禁止使用的农药、兽药或者其他化学物质的；
2. 违反《农产品质量安全法》第三十三条（二）农药、兽药等化学物质残留或者含有的重金属等有毒有害物质不符合农产品质量安全标准的；
3. 违反《农产品质量安全法》第三十三条（三）含有的致病性寄生虫、微生物或者生物毒素不符合农产品质量安全标准的；
4. 违反《农产品质量安全法》第三十三条（四）使用的保鲜剂、防腐剂、添加剂等材料不符合国家有关强制性的技术规范的；
5. 违反《农产品质量安全法》第三十三条（五）其他不符合农产品质量安全标准的；
6. 有关法律法规规定的其他情况。

（主管部门公章）

年　　月　　日

附录三　山东省农产品质量安全风险监测抽样单

山东省农产品质量安全风险监测
抽　样　单

	受检单位				
受检单位情况	单位性质	□企业　　　□合作社　　□农户　□其他（　　　　）			
	抽样环节	□生产基地　□收购站　□运输车　□贮藏/保鲜库 □批发市场　□农贸市场　□超市 □产地批发市场□农村集贸市场□农村摊贩□其他（　　　　）			
	基地类型	□国家级标准化基地　□省级标准化基地　□市县级标准化基地 □其他（　　　　）			
	地址				
	联系人		联系电话		
	抽样执行标准		抽样日期		
	监测依据（任务来源）				
样品编号	样品名称	生产单位（样品来源）	抽样数量	抽样基数	备注
受检单位签署	抽样人及被抽样单位（人）仔细阅读下面文字，确认后签字： 　　我认真负责地填写（提供）了以上内容，确认填写内容及所抽样品的真实、可靠。 　　　　　　　经办人：_____ 　　　　　　　职　务：_____ 　　　　　　　　　　年　月　日 　　　　　　　　　　（公章）		抽样单位签署	本次抽样已按要求执行完毕，样品经双方人员共同确认，并作记录如上。 　　　抽样人：_____ 　　　———— 　　　　　年　月　日 　　　　　（公章）	
备注					

　　本工作单一式四联，第一联留承检单位，第二联留地方农业行政主管部门，第三联由受检单位留存，第四联由下达任务的农业行政主管部门留存。

参考文献

鲍蕾，吕宁，吴振兴，等，2013. 免疫亲和柱同时净化—HPLC 法测定植物油中黄曲霉毒素和玉米赤霉烯酮 [J]. 食品工业科技，34（9）：306-309.

蔡娜，周晓浦，2019. 电感耦合等离子体质谱仪的维护及注意事项 [J]. 河南农业（34）：27-28.

曹冬梅，孙安权，2010. 如何正确认识伏马毒素的危害 [J]. 饲料广角（18）：17-19.

柴元冰，2011. 原子荧光测定中最佳工作参数的选择 [J]. 青海科技，18（2）：118-120.

成斌，2019. 电感耦合等离子体发射光谱仪的维护和保养 [J]. 中国洗涤用品工业（8）：95-98.

代荣遥，吕刚，王亮，2017. 动物饲料中玉米赤霉烯酮的检测方法 [J]. 养殖与饲料（6）：50-51.

杜晶，2018. 原子吸收光谱仪的原理和构成 [J]. 中国新技术新产品（5）：20-21.

GB 2762—2012，食品中污染物限量 [S].

GB/T 27404—2008，实验室质量控制规范　食品理化检测 [S].

GB/T 27407—2010，实验室质量控制　利用统计质量保证和控制图技术评价分析测量系统的性能 [S].

GB/T 27417—2017，合格评定　化学分析方法确认和验证指南 [S].

GB/T 30642—2014，食品抽样检验通用导则 [S].

黄思瑜，2019. 液质联用技术在食品真菌毒素检测中的应用 [J]．粮食流通技术（7）：173-175.

计成，赵丽红，2010. 黄曲霉毒素生物降解的研究及前景展望 [J]. 动物营养学报，22（2）：241-245.

贾茹，刘旭东，2019. AFS-230E 型双道原子荧光光度计常见故障及排除方法 [J]. 吉林地质，38（2）：83-84.

荆路，2014. 电感耦合等离子体发射光谱法测定化探样品中微量元素的方法研究 [D]. 济南：山东大学.

李春林，2018. 原子吸收光谱仪常见故障的排除 [J]. 科技创新与应用（9）：92-93.

李东宏，2018. 原子荧光分析中应注意问题及其仪器设备维护 [J]. 资源节约与环保（1）：65, 67.

李华昌，高介平，2011. ATC006 原子吸收光谱分析技术 [M]. 北京：中国质检出版社.

李军，于一茫，田苗，等，2006. 免疫亲和柱净化-柱后光化学衍生-高效液相色谱法同时检测粮谷中的黄曲霉素玉米赤霉烯酮和赭曲霉毒素 A [J]. 色谱，24（6）：581-584.

李笑樱，2015. 降解呕吐毒素德沃斯氏菌的饲用安全性和有效性评价 [D]. 北京：中国农业大学.

李之璇，2019. 气相色谱质谱联用仪在农残检测中的应用和常见问题 [J]. 食品安全导刊（6）：99.

刘虎生，邵宏翔，2016. 电感耦合等离子体质谱技术与应用 [M]. 北京：化学工业出版社.

刘锦芳，储小燕，刘秦，等，2019. 脱氧雪腐镰刀菌烯醇与黄曲霉毒素 B1 单一及联合染毒对小鼠肠道菌群的影响 [J]. 动物营养学报，31（2）：417-428.

刘静波，张更宇，2017. 电感耦合等离子体质谱仪（ICP-MS）在环境监测领域日常维护及故障排除 [J]. 中国无机分析化学，7（4）：

102-107.

马志刚,安丽红,2010. 原子荧光光谱分析法测定粮食中汞含量注意要点 [J]. 价值工程,29 (15):173.

毛丹,许勇,张道广,等,2007. HPLC 法测定粮谷中的呕吐毒素 [J]. 中国卫生检验杂志,17 (12):2207-2208.

欧阳喜辉,黄宝勇,等,2019. 农产品质量安全检测操作务实 [M]. 北京:中国农业出版社.

潘红锋,任一平,赖世云,等,2009. 应用串联液质技术检测玉米中伏马菌毒素的研究 [J]. 中国卫生检验杂志 (3):467-470.

祁瑞云,2016. 农药残留危害及检测技术的分析 [J]. 南方农业,10 (6):173-175.

秦保亮,姜金庆,孙勇,等,2017. 汞的毒性作用及在动物性食品中的检测现状 [J]. 黑龙江畜牧兽医 (5):280-282.

曲常胜,2011. 重金属污染的健康风险评估与调控研究 [D]. 南京:南京大学.

饶正华,苏晓鸥,2005. 饲料中的伏马毒素及其监控 [J]. 饲料广角 (14):23-24.

盛林霞,付豪,吴艺影,等,2018. 粮食中呕吐毒素检测方法的研究进展 [J]. 粮食储藏,47 (1):32-36.

宋庆国,2005. 原子荧光光谱法在微量元素分析中的应用 [D]. 郑州:郑州大学.

孙秀兰,2005. 食品中黄曲霉毒素 B_1 金标免疫层析检测方法研究 [D]. 无锡:江南大学.

孙亚宁,2017. 玉米赤霉烯酮免疫学快速检测技术研究 [D]. 兰州:甘肃农业大学.

王光建,何才云,1995. 用免疫亲和柱分离高效相色谱法测定花生和玉米黄曲霉毒素的研究 [J]. 色谱,13 (4):238-240,246.

王辉，2009. 浅析电感耦合等离子体发射光谱仪 ［J］. 煤质技术（1）：26-29.

王琼珊，赵亚荣，王旭，2019. 饲料中赭曲霉素 A 污染及其检测技术研究 ［J］. 农产品质量与安全（5）：40-43.

王小平，2009. 电感耦合等离子体质谱技术在元素分析中的应用 ［D］. 苏州：苏州大学.

王旭，2012. 广东省蔬菜重金属风险评估研究 ［D］. 武汉：华中农业大学.

王艳，徐亚平，王小骊，等，2018. 农产品质量安全检验检测质量控制 ［M］. 北京：中国质检出版社，中国标准出版社.

文卫华. 职业砷接触人群健康危害与遗传毒性研究 ［D］. 成都：四川大学.

吴英婷，付文卓，赵淑锐，等，2015. 电感耦合等离子体发射光谱仪的安装及常见故障排除 ［J］. 分析仪器（4）：102-104.

谢刚，李丽，黎睿，等，2019. 全自动免疫亲和在线净化-高效液相色谱法快速测定粮食中赭曲霉毒素 A ［J］. 中国粮油学报（6）：114-119.

徐春祥，王超，舒婷，等，2010. 串联四级杆液质联用测定粮食中 8 种真菌毒素 ［J］. 江苏农业科学（6）：494-496.

徐霞，2019. 食品真菌毒素检测中液质联用技术的应用 ［J］. 食品安全导刊（24）：113.

许琬迎，2016. 原子荧光光谱法分析环境中重金属 ［J］. 化工管理（12）：87-88.

余厚美，王琴飞，林立铭，等，2019. 木薯叶粉中赭曲霉毒素 A 快速检测方法的建立 ［J］. 食品安全质量检测学报（24）：8242-8250.

余诗琪，汪波，吕盼，等，2019. 固相萃取-液质联用法测定土鳖虫中 12 种真菌毒素 ［J］. 世界科学技术：中医药现代化（7）：1417-1423.

张秉璇，2017. 蔬菜中常见重金属的测定方法探究及应用 ［D］. 兰州：兰州大学.

张景，潘姝历，马良，等，2019. 新型高灵敏赭曲霉毒素 A 间接竞争化学发光免疫分析法 [J]. 食品与发酵工业，45（3）：223-230.

张立阳，赵雪娇，刘帅，等，2019. 食品及饲料中黄曲霉毒素生物脱毒的研究进展 [J]. 动物营养学报，31（2）：521-529.

张美杨，2019. 浅谈气相色谱在食品安全检测中的应用 [J]. 农业与技术（19）：20-21.

赵丽燕，孙能惠，孙海涛，2016. 液质联用仪测定粮食中的十六种真菌毒素 [J]. 食品界（4）：135-136.

赵墨田，2016. 分析化学手册·9B·无机质谱分析 [M]. 北京：化学工业出版社.

赵庆令，李清彩，2010. Thermo 6300 型电感耦合等离子体发射光谱仪常见故障及排除方法 [J]. 岩矿测试，29（2）：196-198.

郑翠梅，2012. 高效液相色谱-四级杆-飞行时间质谱法同时测定粮食中 13 种真菌毒素 [D]. 泰安：山东农业大学.

郑国经，2016. 分析化学手册·3A·原子光谱分析 [M]. 第三版. 北京：化学工业出版社.

周翔，陈梦，朱孔岳，2013. 玉米籽粒中伏马菌素检测方法的研究 [J]. 科技创新导报（4）：150.

Hinson A, Dossou F, Hountikpo H, et al, 2017. Risk factors of pesticide poisoning and pesticide users´ cholinesterase levelsin cotton production areas：Glazoué and savè townships, in central republic of benin [J]. Environmental Health Insights（2）：1-10.

Skovgaard M, Renjel Encinas S, Jensen O C, et al, 2017. Pesticide residues in commercial lettuce, onion, and potato samples from bolivia－A threat to public health? [J]. Environmental Health Insights（11）：1-8.